U0352990

邓 云 乡 集

北京四合院

邓云乡 著

中华书局

图书在版编目(CIP)数据

北京四合院/邓云乡著. —北京:中华书局,2015.6(2023.11重印)
(邓云乡集)
ISBN 978-7-101-10717-3

Ⅰ.北… Ⅱ.邓… Ⅲ.①北京四合院-建筑艺术②随笔-作品集-中国-当代 Ⅳ.①TU241.5②I267.1

中国版本图书馆 CIP 数据核字(2015)第 021308 号

书　　名　北京四合院
著　　者　邓云乡
丛 书 名　邓云乡集
责任编辑　周　天
封面设计　毛　淳
责任印制　管　斌
出版发行　中华书局
　　　　　(北京市丰台区太平桥西里 38 号　100073)
　　　　　http://www.zhbc.com.cn
　　　　　E-mail:zhbc@zhbc.com.cn
印　　刷　北京新华印刷有限公司
版　　次　2015 年 6 月第 1 版
　　　　　2023 年 11 月第 2 次印刷
规　　格　开本/880×1230 毫米　1/32
　　　　　印张4¾　插页4　字数 110 千字
印　　数　6001-8000 册
国际书号　ISBN 978-7-101-10717-3
定　　价　36.00 元

小丁 绘

　　邓云乡，学名邓云骧，室名水流云在轩。一九二四年八月二十八日出生于山西灵丘东河南镇邓氏祖宅。一九三六年初随父母迁居北京。一九四七年毕业于北京大学中文系。做过中学教员、译电员。一九四九年后在燃料工业部工作，一九五六年调入上海动力学校（上海电力学院前身），直至一九九三年退休。一九九九年二月九日因病逝世。一生著述颇丰，主要有《燕京乡土记》、《红楼风俗谭》、《水流云在书话》等。

邓云乡在书房

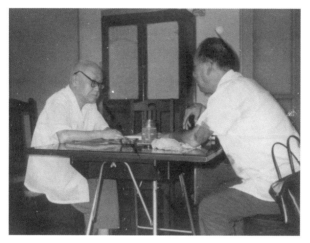

一九八二年夏邓云乡在南沙沟俞平伯家中（王运天 摄）

风雨·相吹送帆

樯云飞扬横嘶

波月暗霭光不尽

晚云暗明

邓云乡手迹

出版说明

邓云乡(一九二四—一九九九),学名邓云骧。山西灵丘人。教授。作家,民俗学家,红学家。出生于书香世家,祖父和父亲都曾在清朝为官。幼时生活在山西灵丘东河南镇,一九三六年初随父母迁居北京,一九四七年毕业于北京大学中文系。做过中学教员、译电员。一九四九年后在燃料工业部工作,一九五六年调入上海动力学校(上海电力学院前身),直至退休。

邓云乡学识渊博,文史功底深厚。为文看似朴实,实则蕴藏着无穷的艺术魅力。其旁征博引,信手拈来。不论叙述民风民俗,描摹旧时胜迹,抑或是钩沉文人旧事,探寻一段史实,均娓娓道来,语颇隽永,耐人寻味。

此次中华书局整理出版的邓云乡作品集,参考了二〇〇四年版《邓云乡集》,并参校既出的其他单行本。编辑整理的基本原则是慎改,改必有据。具体来说,就是:

一、凡工作底本与参校本文字有异者,辨证是非,校订讹误。

二、凡引文有疑问之处,若作者注明文献版本情况,则复核该版本;若作者未能注明的,或者版本不易得的,则复核通行本。

三、作者早年著述中个别用字与当代通行规范不合者,俱从今例。

四、作者著述中某些错讹之处,未径改者加注说明。

五、本次整理对某些书稿做了适当增补,尽量减少遗珠之恨;有的则重新编排,以更加方便阅读。

邓云乡与中华书局渊源颇深,生前即在中华书局出版《红楼风俗谭》、《文化古城旧事》、《增补燕京乡土记》、《水流云在丛稿》等多部著作。此次再续前缘,我们有幸得到其家属的大力支持,不仅提供了邓云乡既出的各种单行本作为编辑工作的参考,并以其私藏印章、照片、手稿见示,以成图文并茂之功,在此谨致谢忱。

中华书局编辑部

二○一四年十二月

目　录

前　言

　　这本小书《北京四合院》，是在偶然的情况下写成的。前后拖了有五年之久，在写完全书之后，再调过来写一篇"前言"。

　　记得还是一九八三年初，我的《鲁迅与北京风土》一书出版不久，寄赠香港《大公报》陈凡、潘际坰二位先生各一本。承蒙他们不弃，十分喜欢这本书，在报上便予以介绍。当时潘先生正以唐琼笔名在《大公园》版面上写连载《京华小记》，他连着为此书写了两篇介绍文章，而且说得非常有趣，他说好像是我处处跟在鲁迅先生后面一样。我读了他的介绍文章，也感到好笑，我怎能有"神通"跟在鲁迅先生后面呢？如果可能，自然很好，可是很遗憾，鲁迅先生在上海去世的时候，我还只是一个十一二岁的孩子，三十多年前，鲁迅先生逝世二十周年纪念的时候，曾写过一首诗，中间两句道："惜余生何晚，不及见先生。"今日回思，更为感慨，就是时间确实太快了……

　　在《鲁迅与北京风土》的"生活杂摭"部分中有一篇专谈"房屋"的文章，这房屋自然是北京的四合院。鲁迅先生在本世纪初久居于北京约十五年，住过一个时期会馆，租过一次房，买过二次房，这些房屋都是老式四合院，我在那篇小文中，作了概括的介绍。唐琼先生大概对此感到兴趣，特来信约稿，让我写一批有关"四合院"的文章，在《大公园》副刊上连载，当时我正写《燕京乡土记》，感情沉溺在北京旧日情景的回忆中，再专门写"四合院"，自然十分合拍，记得当时在思路上，拟了不少篇目，准备一

1

一写出。不过"四合院"毕竟是四合院,写来写去,中心还只是四合院,作为一本书,固然可以。而作为一个报纸副刊的连载篇目,它既不多样化,又无故事情节。写了八篇之后,有的一篇上下两段,实际共登了十四五篇。一九八七年,我想将这部分旧稿编成一本书,先把旧文充实了一些内容,又根据《北京四合院》这个总题目,想了一些题目,重新写起来。

《北京四合院》,重在"北京"二字,如单纯说"四合院",那北方不少省的四合院大体也都差不多,要是广义地谈四合院的住宅建筑,那就没有帝都的情调,京师的气氛了。北京作为都城,辽、金已远,不必多说。元代大都,已与今天的北京有着密切关系。《日下旧闻考》记云:

> 元时都城本广六十里,明初徐达营建北平,乃减其东西迤北之半。故今德胜门外土城关一带,高阜联属,皆元代北城故址也。至城南一面,史传不言有所更改。然考《元一统志》、《析津志》皆谓至元城京师,有司定基,正直庆寿寺海云、可庵二师塔,敕命远三十步许,环而筑之。庆寿寺今为双塔寺,二塔屹然尚存,在西长安街之北,距宣武门几及二里。由是核之,则今都城南面亦与元时旧基不甚相合。盖明初既缩其北面,故又稍廓其南面耳。

从这段记载中,可见元、明、清三朝北京城址的具体位置,双塔寺的双塔自然是元代建筑,塔是元代建筑,那寺庙的其他房舍是否是元代原有建筑呢?再有白塔寺白塔更是辽代建筑……因之也就联想到,那数不清的百姓住宅、大大小小的北京四合院,是否还有元代的老建筑呢?《日下旧闻考》中引元人诗云:"云开闾闾三千丈，雾暗楼台百万家。"这"百万家"，该有多少"四合院"呢？双塔寺的"双塔"，五十年代初因展宽马路，无所谓地拆去了，实在可惜。白塔寺的白塔尚在，是很幸运的。而那海洋般的残破的四合院房屋，是否还有元代的建筑，就不知道了。但是明代的四合院建筑，还是不少的。前两年展宽骡马市大街，由菜市口到虎坊桥，街南拆去不少房屋，其中不少就是明代建筑。至于清代的房子，那就更多了。约略估计，北京现存的残破的四合院中，最少有二分之一或三分之二，是清代的建筑。因为自七七事变到现在的五十多年中，似乎没有新盖过几所四合院。记得五十多年前，在上学途中几乎没有看见过平地盖新房的，所见顶多只是修理旧房，或旧房翻新。后来所有盖新房的，则多是盖新式、也可以说是西式房屋的，不管楼房或是平房，似乎除去公家园林而外，民间几乎没有再盖四合院的了。

想想北京四合院的悠久的历史，以及几十年来没有什么再盖精美四合院的时代情况，以我这样一个只沾着一点战前老北京边的人，来谈"北京四合院"，写这样的书，感到是很不相称的。自己不是业主，没有拥有过一所，哪怕是很小的一所四合院；也没有真正地在标准的四合院中住过多少年；也没有平地起楼台，亲身建造过一所四合院；再有自己也不是学古建筑的。种种条件都不具备，却来写北京四合院的专门文章，真有些自不量力了。因而不能成为什么专门的著述，只能以随笔的形式表现了。

北京四合院，不论作为专门的建筑学著作、地方史著作、风俗史著作，似乎还都没有过专书。但是在一些文学艺术著作中、史地风俗著作中，这方面的资料还是不少的。"北京四合院"好比一个人，经历了漫长的历史，经历了多少风风雨雨，衰老了，要完成它的历史使命了。纵然保留下一些，那也如博物馆中精美的文物,只能使人想象过去,而不能使人感受生活,"北京四合院"的生命、感情、气氛……在它衰老的今天,是逐渐消失,要一去不复返了。在我这本小书中,如能保存它一点"音容笑貌"于文字中,与未来的作为"文物"的北京四合院供后人对照看看,我想也不是没有意义的吧。

一九八八年三月末云乡自记于浦西水流云在轩南窗下

标准四合院

北京四合院，天下闻名。在北京住过四合院的人，一旦离开北京，便会常常思念着他那曩时的故居，那大的或者小小的院落。没有到过北京，没有居住过四合院的人，也有不少人慕四合院之名，寄以许多美丽的想象，或读书籍，或见图片，或看电影，留下一些四合院的影子，便常常寄以无限的憧憬。陶渊明诗云："众鸟欣有托，吾亦爱吾庐。"人同此心，心同此理，在漂泊的人生道路上，谁不希望有一个安定而恬静的家呢？四合院，不管大的、小的，关上大门过日子，外面看不见里面，里面也不必看到外面，与人无憾，与世无争，恬静而安详，是理想的安乐窝，明清两代，及至几十年前，北京不知有多少人在那数不清的四合院中，安家立业，抚幼养老，由婴儿到成人，由黑头到白发，一代代，一年年，真不知经历了多少岁时……这古老的四合院啊！

今天，北京随着时代的步伐，正在越来越快地改变着它的面貌，一切新的代替着旧的；一切时代的改替着古老的，四合院也必将为越来越多的水门汀建造的楼房所代替，那恬静、朴实、古老的足以代表北京风情的四合院，必然是越来越少了，现存的也越来越残破、越来越不实用了。这是时代的规律，原因很多，不必细说，总之是很难挽回的了。但是，在当前这样的关头，如何有计划地保存住一部分北京的四合院，使之能永远存在下去，这却不能不说是一个很重要的问题，也可以说是全世界关心四合院前途、憧憬四合院情调的人，所共同关心的问题吧。为此，我写几篇介绍四合院的小文,想来也不是全然无意义的了。

四合院,北京的四合院,先要把这个概念的涵义解释一下。"四"是东西南北四面,"合"是合在一起,即东西南北四面的房围在一起,形成一个"口"字形,这才是四合院。少一面都不行,那就不算四合院了。中国老式院落,南北各地,不少都是四面房屋、中间院落的"口"字形住宅,如果广义地说,似乎都可以叫四合院。但大同之中又有小异,甚至可以说是大异。这样,各地的建筑风格不同,北京的四合院有其独特的营造形式。由平面布局,到其结构、装饰的细部,都有其特殊的京朝味的风格,这就形成北京的四合院了。

什么是北京的四合院呢?不妨先举一个比较标准的例子:

一块宽五丈、长八丈的长方形地皮,就可盖一幢很标准的四合院了。这块地皮在街道的北面,坐北朝南,临街五大间,开间每间一丈,一派砖墙。这五间的分配,最东头一间是大门,大门西面第一间是门房,房门开在大门洞中,是司阍者的居室,应门时随时开门关门方便。因为北京过去住家,大门总是一天到晚关闭着的。大门一开,迎门看到什么呢?磨砖的影壁墙,这是紧贴东屋南面的山墙砌的装饰建筑。这个玩艺儿,磨砖刻砖,考究起来,无穷无尽,这里先不细讲。在影壁前往左手一转弯,就是南房窗前,按照标准格局,在转弯处,有一个圆形月亮门,四扇绿色屏门,两扇终日开着。进来三间南房,外面看和里面看并不一样。外面看中间一间开门,左右各一间,进屋一看,则只有西面一间,东面是墙,因为这间已作为门房,房门由大门洞出入了。对着东面月亮门,西边也有一个月亮门,隐藏一丈见方的一个小院,那是南屋最西头一间的外面,但不开门。这间的房门,照例是通向南屋的堂屋。因而南屋进去,一般两间掏空,长方形,大约二十来平方米，西墙有门，通到里面一间，十分幽静。如果以外面一大间作客厅，里面一间作书房，虽是南房，但窗外面对西屋的南山墙，正如归有光《项脊轩志》所说"垣墙周庭，以当南日"一样，反光照射，光线是很好的。此处月亮门内，终日无人到，日影斑驳，轩窗静寂，可说是极理想的读书环境了。

南屋的屋门，正对着通向里面的垂花门，垂花门左右两面，短短的墙垣，接到两边月亮门的短墙上。这就是所谓的"一宅分为两院"，把里面的北屋，东、西屋和外面的南屋分开来。在垂花门与南屋之间，形成一个丈把宽、三丈长的长条院落，这是外院；进了垂花门才是里院。

所谓垂花门，实际就是一小间很精致的起脊房屋，作为门楼。前檐雕梁有木制花榇，左右榇框下垂端部，或雕成莲花宝盖，或雕成贯圈绣球，施以金粉彩画，作为装饰，极为华赡，因之叫垂花门。垂花门进去，直接看不到里院。正面和左手，都有木板屏风门挡住视线，习惯右手不装木板，作为平时出入的通道。迎面四大扇木板屏风门，过年或迎接贵宾时开放，正对引路，直入上房。

进垂花门，右手转弯，下台阶，便进入里院了。这时首先看到的是正方形的院子，全部约九平方丈，但垂花门的门楼在院子南面正中心占去约一方丈，实际这个院子约八平方丈。正面三间大北屋，东屋三间，西屋三间。如果只有北屋有廊子，东西屋没有，那便在北屋左右马头和东西屋山墙之间，有短墙连接，各有一个月亮门，和外院的月亮门一样，也各有四扇绿油漆的木板门，上油四个红斗方，或四个飞金汉瓦纹。这格式都和外院的一样，如果是斗方，那一般便写上"东壁图书，西园翰墨"，或"斋庄中正，孝悌和平"，等等；如果是汉瓦纹，那自然是篆书的"延年益寿,长乐未央"了。如果东西屋也有廊子,那里院东西角,便不造月亮门,而是在山墙上留门洞,廊子接出去,成曲尺形与北屋廊子接通,这就是《红楼梦》中所说的钻山游廊。

站在垂花门台阶下,看里院东西两角,在那月亮门内,还各自隐藏着一个一丈见方的小院,和一间小北屋。这样北房是中间三间格外高大,两边两间比较矮小,这就是习惯上说的"三正两耳",北房是作为"正房"的。北方乡间盖房,也都讲究院中的"正房",但因街道方向不同,或房屋地基在街南街北各异,因而"正房"不一定就是北房,有"西为正"、"东为正"等,都以正对大门的房屋作正房。北京的四合院则不同,总是尽量以北房作正房。胡同是东西向的多,南北的少,大院子一般都在路北。如房子在路南,或遇南北胡同,仍要把北屋盖成三正两耳的正房,大门的位置再另想办法解决,不过总是在左下角,这是一定之规。

这样一座标准的大四合院,实际共有一个八九平方丈的正方形大院,一个三平方丈的长方形外院,连大门影壁前一块也算在一起,四角共用一丈见方的小院四块。这样一座标准的大四合,实际有大小不等的院落共六块。宋人词云:"庭院深深深几许?"这样如果住在这种四合院北屋的耳房中,月亮门的木屏风门一关,焚香饮茶,裁诗读画,不需要几进院子,只要这一所大四合,便充满了"深几许"的词的意境了。

一座大四合,房间总数,以两柱一檩的自然间计算,北屋三正两耳五间,东西房各三间,南屋不算大门四间,连大门洞、垂花门洞全部计算在内,共十七间。如以每间十一到十二平方米计,则全部建筑面积约为二百平方米。但两个门洞不能使用,可用者不过十五间耳。而东房、南房均不宜人,谚语云:"有钱不住东南房,冬不暖来夏不凉。"实际最宜于居住者,则只有三间大北屋耳。

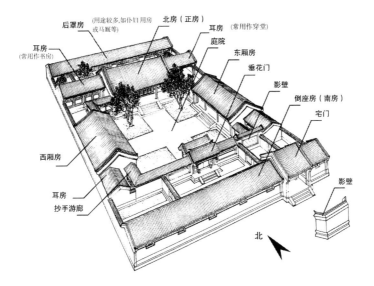

后罩房 (用途较多,如仆妇用房 或马厩等)　北房（正房）

耳房 (常用作穿堂)

耳房 (常用作书房)

庭院

东厢房

垂花门

影壁

倒座房（南房）

宅门

西厢房

耳房

抄手游廊

影壁

北

标准四合院

住室如何分配呢？以六七十年前的大家庭论，如曹禺的《北京人》，老一代老爷、太太住北屋，第二代大爷、大奶奶住西屋，东屋是下房，保姆（当年女仆无此称呼）、奶妈带小孩住。东屋最南面一间后檐开天窗作厨房。第三代年龄大，已上中学或大学的，住在南屋客厅的套间中。厕所在南屋墙外另留隙地作"茅坑"。以上所说是最标准的大四合，如其变化，则更为复杂，那就要另立专题介绍了。

附记：

广义地说，北京南北各地的老式房屋，也就是中国式的房屋，基本上都是"口"字形的，也都是"四合"的。我走的地方不算多，但中国式的老房子，在南北各地都住过不少。其平面布局，大体上都符合上述形状。

幼年在晋北故乡，住的祖宅老房子，几乎和北京四合院完全一样，因先祖在北京做京官，有两个院落连细部也都是按北京格局建造的。后来在山西太原、大同住的房子，大体也是如此。而大同的房子，有的地方比北京的四合院还科学些。因为常常把院子盖成南北短东西阔的长方形，这样北房光照更宽阔，冬日阳光更足，更暖和。

江南如苏州、杭州等地，四川如成都、乐山等地，大小院落也都是"口"形的，也是"四合"布局。与北方院落所不同的是，北方以北京四合院为主，包括河北、山西、山东等地，东西房与北房都是分开的。东西房高大的北山墙正对北屋套间，也就是耳房的窗户，北屋马头墙伸出的低墙、月亮门一挡，在此又形成一个一丈见方的小小院落。而在江南和四川等处则完全不同，东西厢房和北屋两侧是连在一起的,而东西厢房的南山墙,在有前面一进院子的宅子中,又和前院正屋的后墙连在一起,这样就形成真正"口"形的院落,四面连在一起,叫做"四合院"也未为不可,但是没有人这样叫。为什么呢?不知道。再有,江南根本不叫"院子",而叫做"天井",我在苏州、杭州这种老式房子中都住过。我常常站在长满青苔的青石板的天井中,望着四面严丝合缝的房子,那高大的常常一年四季开着的门窗,想象北方"四合院"房子的院子,感到江南的庭院是幽静的,北京的院落是爽朗的;江南的庭院是雅静的,北京的院落是雍容的……其情调虽各有不同,但都能给人以思考,给人以舒畅的呼吸,但我现在每每感到,这都是往昔的事了。

一九八八年有幸在四川乐山,于晚风斜照中,去沙湾参观郭沫若先生故居,这是他的祖宅,三进房子,西边还有跨院,前院、中院都是过厅,站在中院,是一个左右厢房连着前后厅的长方形四合院子,其厢房、正房相连的格局,有似苏杭房屋结构,但较低,而其长条小院,又似北京小四合的格局。位置得宜,情调幽雅,同《四川汉画像砖上的家庭图》(见亡师谢国桢著《两汉社会生活概述》)比较,极为神似。如果把北京四合院、北方各省院落、江南庭院、四川庭院,等等,作一些比较,写一篇系统的论文,是十分有趣味也有意义的。目前"比较文学"是时髦货,"比较四合院"呢,是否也能成为一种体系,受到重视和欢迎?

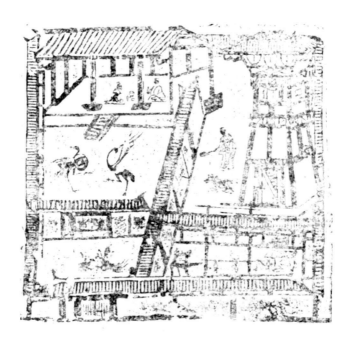

四川汉画像砖上的家庭图

大宅门·大四合

　　看过《红楼梦》的人,大概都不会忘记凤姐捉弄贾瑞的场面,尤其是当贾瑞被关在一个夹道中,两边都是一丈多高的墙头,而两头的门上大铁锁锁得死死的,又是滴水成冰的三九天,瑞大爷叫苦连天,足足关了一夜,差一点没有冻死……看到这种地方,看书人自然也感到无限紧张,凤丫头及蓉、蔷等辈之奸、丑、狠辣;贾瑞之自作孽、愚蠢,成为罪恶渊薮之渣滓,是必然的了。这是一方面;而另一方面呢?为什么在凤姐居室附近,就有这样一个奇怪的夹道呢?难道是特地为瑞大爷修建的吗?这个读者如有兴趣,可以细细地去研究《红楼梦》中所写荣国府房屋院落的结构,我在此小文中不作分析,但我可以明确告诉读者,这个使瑞大爷受了一夜洋罪的夹道,绝不是曹雪芹单为这个情节"修建"的,而是原来就应该有的。是荣国府深宅大院中必然有的建筑部分,不但荣国府必然有,在北京任何五六个大院落相连的大宅门,也都有这种类似的"夹道",如果把两头一堵,把一个人关在里面,没有点儿特殊的飞檐走壁的真功夫,大概也是很难跑得出来的。像贾瑞这样的废物,自然更是一筹莫展了。

　　这种夹道,俗名也可叫"更道",也叫夹道。是只有几进院子相连的大宅门才有的。

　　四合院,能变小,也能变大。变大,两种变法,一种是在本院中变,一种是连接着变。一般四合院,五南五北,三正两耳。稍稍一变,就可变成七南七北,七间北房,如何成格局呢?那就中间三间更为高大，东西两面各有两间耳房，实际也可说三正"四耳"了。这样东西房也可以稍稍退后，穿山游廊穿出东西房北面山墙之后，就可以成曲尺形，又穿入北房东西山墙，与北房廊子连在一起。这样东西两角，便不再是月亮门连接耳房窗前小院，而是由曲尺形的画廊来掩映那绮窗人影了。当然，在那曲廊之后，倚墙再有一株老槐，或几竿翠竹、芭蕉，那就更增添了诗意。

这样的大四合，因为东西屋退后，穿山廊成曲尺形，占有半间的宽度，那院子就更为宽阔，东西屋的进深，也较一般五间口的院子深多了。

再有这样的院落，垂花门进来之后，一般都还有抄手游廊。就是进垂花门，东西两面贴着隔开里外院的短墙里面，也有廊子，走到头，折而北，穿入东西屋南山墙，连接东西屋窗前的廊子。这样就势必在东西屋南面山墙外，还有隙地，可各是一间小屋。窗外正是抄手游廊东西两头向北转弯的地方，房屋低小，窗户正在廊下，光线自然阴暗。这两间小屋，似乎也可以叫做东西屋的"耳房"，但不能这样叫，它无法与北屋的耳房比。七间口北屋的东西耳房，一般都是两个自然间相连，即三柱二檩，面积均在二十平方米以上，是最理想的卧室，常常是老太太带着孙女住的。而东西屋山墙外的这间小屋，则是十分阴暗的，是真正的"下房"，甚至它的屋顶也做成不铺瓦的平顶，俗名"灰棚"，即椽子上铺两层席或钉两层苇帘子，先抹花秸泥，再抹掺了青灰的花掺石灰，抹光，留出流雨水的坡度和水眼，干后成光滑的灰色，谓之灰棚。两间小房，稍费笔墨，因为它是七间口的高级大四合院不可少的组成部分，不然，读者又如何能想象出这种大四合院抄手穿山游廊的结构平面图呢？

当然，也有进垂花门左右抄手游廊转向东西房南山墙、钻山处不盖小屋,而留一小块空地的。不过这种盖法,多为宫廷、园林格局,留此隙地,或种花木,或置山石,以资点缀。一般人家,则均有两间小屋,如作厕所,则向外开门,如作储藏室,则有窗而无门,其门开在东西屋南山墙上,就是室内开门了。进入本世纪后,深宅大院,装现代卫生设备者渐多,这两间小屋,正好改作浴间。这是标准四合院在本院中变大的一种情况,是北京大宅门最常见的院落形式,有其典型意义。读者中,有谁去过北京绒线胡同四川饭店正院,那就是这种标准的七间口的有抄手穿山游廊的华丽院落。

七间口大四合之外,还可以扩展成九间口,五间大正房,东西各两间耳房;甚至还有十一间口,东西各三间耳房。不过这都是当年王府,贝子、贝勒府的格局。在一般大宅门中,则比较少见了。

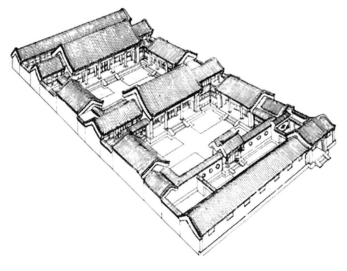

大四合院

大四合，本身再扩大，也不可能无限制地扩大下去，而且大而无当，也不适用。试想如果院子大到故宫太和殿前面那样宽，那东屋到西屋去的人不要疲于奔命吗？因而即使皇宫内院，那院子的大小间数，一般也是有限度的，大到一定程度就可以了，绝不会过分。因而大宅门、大四合，不单纯意味着院子大，而且意味着院落多：前院、后院、东院、西院、正院、偏院、跨院、一进、二进、三进……书房院、围房院、厨房院、马号，等等，所谓"笙歌归别院，灯火下楼台"，王侯宅第、贵戚朱门，那院子一所连一所，就不知道有多少个了。这就是四合院的接连着变大。如果用鸟瞰的语气说，就是黑鸦鸦的好大的一片第宅。

看清人笔记，记载的和珅的抄家清单，入官的和珅住宅，中间一路，就是十三进，这就意味着在中间的一条中轴线上，共有十三座大四合院连接着。我们现在可以想象其深度，这种大四合，平均每进深十丈计算，则合一百三十丈，实际还不止此数。即以此想象，单正院笔直进去，就四五百米长了。和珅的住宅，一部分就是后来的恭王府，就是今天谣传的"京华何处大观园"，是耶？非耶？我学问太少，不敢饶舌，只是仍可看到昔时权相邸宅规模之一斑，亦可看出北京大宅门、大四合规模之宏丽与复杂了。自然，这种房舍对于荣、宁二府之规模、实景可以依稀想象一二，而对于瑞大爷挨整的那种夹道，也是能找得到的。

如何找这种夹道，这要从大宅门的许多四合院平面布局说起。比如说一前一后两进院子，按理说前院的北屋，就可作为后院的南屋，在江南住宅中，这种格局很多，称作厅，或曰"过厅"，前院到后院，直接从中间走过去即可，而在北京两进大四合，一般不这样处理。大多前院到后院，由前院北屋东山墙外留一条小巷通后院。走进去，迎面便是里院东屋南山墙，向左手转弯，进入后院。考究的后院,可能在东西屋南山墙之间,再修一溜短墙,中间还留垂花门,正对前院北屋的后窗(也有不开门窗,只是一溜清水后墙的)。这样前院北屋后窗,便俨然是后院的南屋了。在北京两进四合院,很少有以前院北屋作过厅的,如果有,那一般是按照外地规格造的。这种院落,在北屋东山墙外,便是一条夹道。如果东面院墙很高,两头堵住,禁闭一个人,便也很难逃脱。只不过一般情况,这种山墙外的夹道是不装门的。

如果在中心轴上,前后两座大四合相连,在它的右面,又有前后两座大四合相连,这样四个大四合连在一起,结合成一所大宅子。那这东西两面如何连结呢?在考究的大宅第中,前面正院的北屋,如果后面不是清水墙而是门窗,那翻过来便可作为后院的南房,这种情况是常见的。但却不能援引此例,便认为西院的东房,翻过来便可成为东院的西房了。这样便不符合大宅门建房的格局了。那么如何办呢?简单说:就是各盖各的。

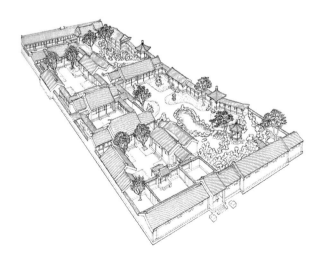

设有花园的大四合院

四座大四合东西各两进并排在一起,组成一所中等大宅门。东面前后相连,西面前后相连。中间要留一条长夹道,帝王宫中谓之"永巷",一般大宅门叫做"夹道",只不过是类似而微,长短宽窄不同罢了。这样西院东房后墙外,东院西房后墙外,便有一条笔直的、丈把宽的十来丈长的夹道了,通向两面院子,在各屋山墙豁口处,均砌墙留门,把所有门一关,便是一条无出路的死夹道了。四所大四合相联,便有一长夹道,如十所、八所院落相联。那长短夹道就不止一条两条了。

　　从夹道之解释,可见北京昔日大型第宅之规模,众多院落相联之结构。第宅宏大,院落众多,建造时不唯考虑到格局气派,还要考虑到防火、防盗。至于王熙凤用之关贾瑞,那自是她奸心独具,善于利用地形,另含杀机了。这是任何建筑师,高妙如"样子雷"之类的人,也事先从未想到的,因而我也不再多说了。

精美小四合

在说完标准四合院、大宅门、大四合之后，必须还说一下小四合院。事物是多层次、多姿态的，有大必有小，有精也有粗，四合院也是如此。或为经济所限，盖不起，买不起大的，那就降格而求，盖小的，买小的；或者虽然不考虑经济，但为地皮面积所限，不能盖大的；或为地区所限，一定要在繁华的区域，觅数弓之地，盖所小房，这样就出现各式各样的小四合院了。小四合院，尤其是精美的小四合，则是南城多，内城少。光绪时曼殊震钧的《天咫偶闻》中记云：

> 内城房式，异于外城。外城式近南方，庭宇湫隘。内城则院落宽阔，屋宇高宏。

震钧是满洲旗人，姓瓜尔佳氏，字在廷，汉姓名唐晏，老北京，又在南方住过多年，这话说得很对，就是内城，指东西北城一带，大多是大宅门、大院子，一般标准五间口的四合院是不稀奇的。在内城，找一所精美的小四合院也不多。而南城则不然。在清代这些地带是商业集中的地方，是外省京官集中的地方，人口密度大，地皮值钱，因而建房用地就相对必须讲求节约了。但建房者财力还是厚的，这样就讲求小而精，院落虽然狭隘，却工料十分考究，在宣武门外的一些大胡同中，常常看到磨砖、刻花极为精美，而只占半间房的小街门，与街门连在一起的临街房屋不过两三间,其临街后墙却是磨砖对缝,蓝汪汪的十分漂亮。双门紧闭,门户森严。过路的人,看到这样小院,就会想象到屋主人的精明能干。这些精美小四合的主人是些什么样的人呢?一般不会是大官僚、大军阀,但却也是小小的殷实户,比如一个古玩铺或小钱庄的掌柜的?一个著名的挎刀老生、青衣?一个小有名望的名医……反正五六十年前,一笔能拿出三四千块现大洋的主儿才能盖得起这所小房。

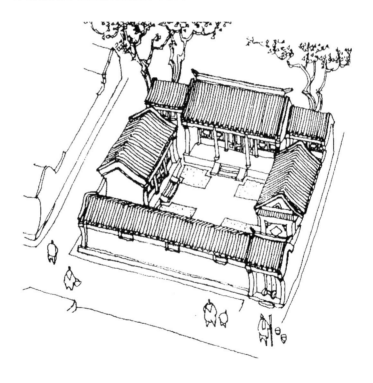

小四合院

三间口,半间作街门洞,后墙出檐,两层椽,磨砖对缝,从小街门看,虽稍残缺,但线条清晰明快,笔直如切,可见磨砖棱角,工程多么细腻。进小门,正对厢房山墙,必然有一个小磨砖影壁。不要看只有三间口,但进深很大,南北屋都有廊子。但又因毕竟是三间口,长度可能有六七丈,而宽度只不过三丈多,因而两面厢房,就不能盖得深,俗名"入浅",一般只有七八尺深罢了。这样三丈宽的地皮,两边一盖厢房,那院子便成了一个丈把宽的狭长条了。所以震钧说"庭宇湫隘"。再有这种院子,因为是个狭长条,而南北仍然很高,光线自然不够明亮爽朗,但夏天也很阴凉。况且这种小院,都是方砖铺地,青石台阶,打扫干净,台阶上摆上一溜玉簪、秋葵之类的盆花,墙根下甚至可以长点儿青苔,这就更使人想起了典雅的名句:

"幽僻处可有人行,点苍苔白露冷冷……"

也就更像"暗暗巷陌人家"①,苏州黄鹂坊桥一带人家的小天井了。这就是震钧所说的"外城式近南方"的意思了。

这种小院,南北房高大精美,居住仍是很好的,厢房太入浅,不能派大用场,东房作小厨房、下房(佣人住),西房住一二人就可以了。因为外面看看也许是三间,而实际顶不了一间大北房的用场。

一个老同学,他家是著名的琉璃厂卖酸梅汤的信远斋萧家的族人。他这一房原是开书铺的。但我与他做同学时,他家已不开书铺,而是做盐商了。他父亲一年中经常在天津经营盐店,他和母亲弟妹住在北京,对着信远斋一条小胡同,叫文明胡同。

---

① 此句似有误。宋周邦彦《瑞龙吟》云:"愔愔坊陌人家,定巢燕子,归来旧处。"——编者注

很窄,走不通。没有其他人家,只有他们萧家两个小院,都是三间口的精美小院,他家在顶头一所。四十年前,我是常客。小门进去,门洞很深,门洞左侧,有半间门房,当时他家没有男佣人,这是贮藏室。走到廊子上,左手一转,就是两间南屋,十分高大精美,而且是红油地板,这在北京老式房舍中,是很少的。不但房屋精,而且布置精雅,红木大条案,八仙桌,王友石、汪慎生等位先生的立轴花卉挂在墙上,十分高古,室中清无纤尘,整日安详宁静,房舍和主人都被包孕在淳厚的琉璃厂的文化气氛中,每一思之,情景历历如昨,于今则是不可思议的了。

精美的小四合之外,自然还有不少一般的,甚至十分简陋的小四合,这些烂砖砌墙,榆柳杂木屋架的小四合房,不是"吃瓦片"(专靠房租过日子的资本家)的盖了专为出租的,就是经济力量薄弱,勉强拼凑盖来居住的,在此先不细说了。

"四破五"和"三合院"

我国有句古语道："穷则变，变则通。"北京盖四合院，也可以适用这个原则。事实上也正因为应用了这个原则，所以四合院的变化也多种多样，层出不穷。有时候，细想想是很滑稽的。比如建房基地太窄，只有四丈宽，只能盖四间自然间，即两柱一檩一丈阔算一间。但这不行，俗语说："四六不成材。"即盖四合院南北正面的屋子，只能盖三、五、七、九等单数，不能盖双数，四间、六间都不成格局，犯忌（旧时破土建屋有一套迷信的说法，要用罗盘和水平定方位）。于是就有人想出主意，中间仍旧盖三间高大的正屋，两边各盖半间耳房，这样便也很气派，有如五间口的标准四合院的格局了，这个格局俗名叫做"四破五"，这是老北京想出的自骗自的办法。

"四破五"的四合院，介乎标准大四合院和小四合院之间，一般也是比较讲究的。因为它既不肯抛弃一间房的地皮，盖成三间口的小四合；又不肯一条檐盖齐，随便盖四间实用的房屋。而一定要盖成三正两耳，错落有致，合乎格局的院子，因而它必然费工费料，华而不实，这就说明房主儿有钱，讲究，懂得"摆谱儿"，因而这种"四破五"的四合院，一般也都是磨砖对缝，十分精美的了。其内部的情况，基本上和标准四合院一样，可能也有很精致的垂花门，但它有一个致命伤是毫无办法可想的，那就是东西房必然十分入浅，因为露出中间三间大房，两面能盖厢房的地皮，只剩下窄窄的两长溜了。

再有如果东西胡同,路北有块地皮,宽里倒有五六丈,而深进去只有三四丈,按照标准四合院的用地来丈量,那很可怜,只够盖半所院子,这怎么办呢? 好办,盖所三合院。

北京四合院,只有"四合"、"三合"的说法,绝无"五合"、"二合"的名称,这点要先作声明。三合者何? 有北房、东、西房而无南房之谓也。

前面说的那片地皮,盖上一溜大北房或者也按三正两耳的格局盖,然后再盖三间西房,两间东房。为什么东西不对称呢? 因为东南角留出一间的地方作街门。砌个青砖小门楼,两扇黑油小门,门扇中间油上红对联:"忠厚传家久;诗书继世长。"黄铜门钹,门框上一块铜牌子:或"岭西李寓",或"琅玡王寓",连郡望都刻在上面了。一开小门,这种门没有大门洞,十分亮堂,一眼就看到对面紧贴东屋南山墙砌的磨砖小影壁,挂着长方形木牌,上写"戬縠"二字,意思就是"福禄",不过用的是《诗经》上古老的语言,年轻朋友听了也许会哈哈一笑,老掉牙的玩艺儿了,但也显示了传统而悠久的历史文化。进了小门,左手转弯,也许还有一个小小的月亮门,隔着月亮门,已经可以望见西屋的窗户了。

这样的三合院,南面临街是院墙。也许有人问:这块地皮如果在路南呢,那房子怎么个盖法? 这也好办,临街盖五间大北房,北屋后墙临街,街门开在北屋的尽西头,也在左首。这是规矩,所有四合、三合院,都极少在右首开门的。

自然也有例外,那就是"三合院",把街门开在南墙正中间,好比是大四合院垂花门的位置,但一般都是小门,不会像标准四合院垂花门那样华丽。大体是三正两耳,三间东厢房,三间西厢房,临街一带短墙,墙两头接在东西房的南马头墙上,同垂花门两边的墙砌法大体一样,在正中开个小砖街门,没有门洞,只有门楼。如简单的,门楼也没有,在门上用砖、瓦砌个小花栏女墙,以代起脊门楼。街门一开,正在中轴线上,对着北房正门。街上的人可对院中一览无余,直窥堂奥。这不行,大多在小门内竖一个木制影壁,就谨慎多了。

以上所说,都是合乎格局的院落。即使小到三合院,也还是有一定格局。当年北京最讲究这个。

但讲究归讲究,具体情况却又归具体情况,盖房子的基地不可能像豆腐干一样,切成一样整齐,都正好是合乎各种格局的,必然有大有小,有斜有正,或缺一角,或多一块,这样就必然出现了不少除合乎格局的大四合、小四合、三合院而外的不合格局的院子。或叫跨院,或叫偏院,或叫围房院,或者根本没有名称,叫不出名堂的种种小院。但其布局、结构和情调,仍是北京四合院的味儿。

记得有位老同学,住在什刹海西一所大四合的偏院中,三间北房,自成院落,而在大四合院正中看,这三间房又像是大院正房的东耳房。原因是这个院子的基地在东北角多出一块,最早建房者利用地形,在大四合北房三正两耳的格局上,略加变化,西面盖一间耳房,东面盖三间耳房。这三间又独立开门,像个小花门,正院北屋左右月亮门,西面月亮门中,仍像一般耳房窗外一样。东面进来,却别有洞天,又是一个十分幽雅的小独院了。

在北京,旧时合乎格局的四合院是容易找的,大大小小,各条胡同挨家都是,但要找个上面说的那种不合格局,而又十分幽雅受住的小院,却不容易。如果穷读书人能找到这样一个住所,那真是无比幸福,非常理想了。张恨水在《春明外史》中,一开头就为他书中的主人翁杨杏园安排了一个这样的住处:

……其实这个小院子，倒实在幽雅，外边进来，是个月亮门，月亮门里头的院子，倒有三四丈来见方，隔墙老槐树的树枝，伸过墙来，把院子遮了大半边。其余半边院子，栽一株梨树，掩住半边屋角，树底下一排三间房子，两明一暗。……

　　这不成格局的小院，不仍然是北京四合院的境界，能不令读者怡然神往吗？

四合院的变化

　　"四合院",是一个大概念,这正像《公孙龙子》中"白马非马"的道理一样,某一个具体的四合院,并不就是"四合院"。任何抽象的大概念,落实到具体的对象上,都是千变万化的。四合院自然也不例外,也必然会有各种各样的变化。前面几篇文章里说的"小四合"、"四破五"、"三合院"等等,这本来已经是变化了。但这还不是变化的全部,不但不是全部,而且只是极小的一点点,也未能说明其变化的规律。

　　如以标准的四合院作为模式,那它必须得具备以下几个条件:一、必须有一块宽不少于十五米,长不少于二十三四米,总面积约三百四五十平方米,相当市亩八分大的一块地皮,作为房基。二、这块地皮必须是竖长方形的,如是横的长方形,便很难利用。三、这块地皮必须在街巷的北面,坐北面南,才合乎格局。不是门联上写的好吗:"向阳门第春常在;积善之家庆有余。"要讲究"向阳门第",房舍不是向日葵,不能随着太阳转,不坐北面南,如何"向阳"呢? 四、有足够的木料砖瓦、工匠人力等等,换句话说,也就是要有足够的钱……当然,如果再说,还能找出一些"条件",但那些不必多说了。

　　标准模式的四合院,要有这么许多条件,但客观上,条件总是相对的,有不少,有此条件的。北京旧时内城,东四牌楼、西四牌楼南北大街两旁,都是东西向的胡同,这些大胡同中,路北数不清的大宅门,一排排,蓝汪汪的,好不气派,这些都是条件具备的标准大四合,气象肃穆,足以显现作为明清两代五百多年首都的皇都之盛。但是,不是所有的都有此条件。约略计之,大约北京旧时全部四合院建筑,有二分之一强是标准式的。其他二分之一弱,就是因为条件的不足,根据条件的限制而加以变化的。

先说方向的限制和变化:

四合院房屋,东西南北四面都有,四个取向。任何四合院,坐北向南的北房盖得特别高大,谓之"正房"。东西房江南叫"厢房",北京也有此叫法,也有叫"偏房"的。按照标准四合院,进大门,左首转弯,面对垂花门,进垂花门,面对北屋大正房。方向是先向北,折而西,再向北。但这仅限于路北的大门。如果路南,即建房基地在街巷的南面,那方向正好相反,如何办呢?况且除去东西向的街巷而外,还有不少南北向的街巷,那房舍院落便在街巷东西两侧,又如何取向,盖坐北朝南的大四合呢?

在北方几省中,院落格局,大体都和北京的四合院差不多。但取向上则不如北京讲究。外地如路西的街门,讲大门转弯,进里院,迎面的大正房,是坐西朝东,谓之"西为正",这样北屋反而低小,成为厢房了。在北京则尽量避免把房子盖成这种不以北为正的格局。这就要想法变化使用地皮。

比如路南的大门,地皮稍有多余,便尽量在西侧让出一条引路,进大门面对引路,顺西厢后墙往前走,走到尽端,折而东,进入院落,这样站在院中看,还是坐北南南的北房,十分高大,作为"正房"。而这正房的后墙外面,正是胡同了。

在北京东四、西四一带,大街左右东西向的胡同中,人们会注意到路北的大门多,而路南的大门特少。为什么呢?是不是因为路南的地皮难以安排。这倒不是。主要是这些整齐的大胡同中,大宅门外,不少都是几进院子,前门在前胡同,最后一进院子的北房后墙已经是后胡同了，而且北京大四合院，不大像苏州的大院子，一定有前门，有后门。北京大宅子，大多都没有后门。因而一条整齐的大胡同，一眼望去，北面都是一个接一个的街门和车门，而南面则多是房屋的后墙，有时一连很长一大片，没有街门。

正因为如此，所以前面我说标准四合院占二分之一强，其他房舍二分之一弱。包括东西向开门的在内。

再有前说大门和车门，这种格局自明清以来就有，即内城的大宅门，纵非王公贝勒的府邸，也多是达官贵人的公馆。这种人家，自己都拴着车，习惯上是坐北朝南大院子，靠东一头是大门，靠西一头就是车门，主人下衙门回来，在大门口下了车，自进宅内不管了，车把式把车倒在门口，打开车门，把车倒进车库中，把牲口卸下来。自己家中有马号的便牵到槽上去。如果自己家没有，便牵到附近专门代人喂马的圈中去。车门与大门一左一右遥遥相对，实际都是南房东西两头的一门房。车门也是黑漆大门两扇，有的中间还漆着红斗方，写着大字。幼年上学，天天经过口袋胡同转弯大炮张家的大宅子，西头车库大门终日紧闭，斗大的红斗方，写着四个大字："揽辔澄清"。我人小不认识这个"辔"字，总把它读成"銮"字，此景此情，现仍历历如在目前。自然，我天天经过他家车库门口的时候，那里面放的已是"贝贝奥斯汀"，而非"十三太保"的骡车了。

北京胡同东西向的多，大街南北向的多。自然也不乏例外，如后门外南北锣鼓巷、南北池子、北沟沿，本世纪初在南面开了门，打通了的南北长街，都是南北向的，而又都是住宅区。其他南北向的大小胡同，也还不少，如宣外骡马市大街、南横街两旁的胡同，这是明清两代宣南人口密集的坊巷。这些地方的房屋地基，自然只有东西向的了。因为南北向的胡同，自然不能再有南北向街门了。但是北京人盖四合院，却讲究这个，尽量要变化手法，利用地势，把院子盖成坐北朝南，尽量要以北屋为"正房"，大门南向开。如果地皮充足，不管路东路西，在南屋后墙外留一条小巷，东厢房或西厢房的后墙及北屋耳房的山墙临胡同，这样一变化，仍是一座标准的大四合了。如果地皮不富裕，不能在南房后墙外留小巷，那便把南房一面，少盖一间耳房，留一隙之地，仍可盖一坐北朝南之小砖门楼，如此则仍可保存坐北朝南的标准四合院格局。

北京南北胡同中，以"西"为正，或以"东"为正；东西胡同路南的门，以"南"为正的院子，也有一些，但很少。如骡马市北魏染胡同——著名报人邵飘萍氏所办《京报》馆所在地——其路西不少所精美小四合，大多是以"西"为正的院落，但这不少是外省人盖的。在"京朝派"的眼中，这种院子，是不符合格局，不足为训的。

再说受经济、材料所限制，或力求实用的变化。

由于钱少，买不起大块地皮，买不起好木料、好砖好瓦，盖不起标准"大四合"，不得不因陋就简。对付着盖一所不合格局的小房住住，这种"变化"，情况多样，但大家容易理解，自不必多说。另一种是力求实用，有盖一所大四合的地皮，也有盖一所大房子的财力，但为了实用些，或争取多盖几间房，突破常规，加以变化，盖成更受住的院落，这种房子，在北京不太多，但十分可取。既保留了四合院格局，又较标准四合院实惠。这里不妨举一个例子。

四十年前，我在西城一位同学家住过一个时期。他家在南魏儿胡同路南，这所房子，按照地基面积，只可盖一所七间口的标准大四合而有余。但却没有这样盖。而是分作前后院,后院在里面,是七间北屋,三正十分高大,东西各有两间耳房较小。西面耳房留一间作为通向大门的二门。东西厢房各三间,位置得宜。北房带廊子,进深很大,一堂两屋,都有后窗,左右套间屋内有"倒宅",即垂直于后檐第三根檩处,打一隔断,将后窗处再隔成一小屋,可放箱笼等物。这样这三间大正房就变成五个房间。中间约十七八平方米堂屋一间,左右约十四平方米住房各一间,四平方米左右"倒宅"——也就是箱子间、贮藏室各一间——各一间。

实际这是一个宽大的三合院,但给人感觉是标准四合院垂花门里面的部分。进出是由西北角的小门走来的。这是大府邸四合院群中一种习惯走法。

这所房子的前院,则是一溜北屋,东西各一间厢房的东西宽、南北狭的三合院。阳光充足,居住适宜。

这一例子,就是把一块可盖标准大四合的地基,突破常规,加以变化,不盖南房,而盖成两个不合规范的三合院,都很适用。在四合院的变化上,这种例子是可取的。

三是园林、别墅式的变化。

狭义地来讲,北京的四合院,只指一所四面有房屋的院子;如广义地来讲,就是有北京旧时情调的老式住房,都可以包容在四合院的范畴之内。因为这都是北京式的房子,都是四合院房子的变化。变到园林中,就成为各式各样的精美建筑物了。

青少年时代,卜居于西皇城根苏园,那是尚书第宅。后面有很大的花园,进园门笔直一条引路,约二三十步,迎面是五间花厅,三正两耳,三正前面有廊子。单看房屋样子,正是标准四合院的五间北屋,而在这里,则四面再无房屋,只有花木。所对引路,两旁都是丁香、榆叶梅,再后面是高大的一排杏树,屋前两面两大株垂丝海棠,阶前一丛丛,是间种的牡丹和芍药,屋子都有后窗,窗外有院落,布满石子,围以白墙,种着几丛竹子——前些年,北京有人写文章说大观园种竹子,应是江南,不是北京,等等,其实是没有注意到北京竹子的说法——这五间房屋,置之花木丛中,不是标准四合院的正房,却是幽雅的花厅了。

北京各处园林中,这种建筑物不少。我常常思念的是中山公园来今雨轩东面董事会的那个小院,垂花门朝西开,进门两面抄手游廊转过去,几间南房、几间北房,极为优美。夏天去公园,常常由其门口经过,日长人静,湘帘垂地,老槐阴森,蝉声噪晚……是宋人词中的境界。这是当年筹建中山公园的贵筑朱桂莘老先生的精心设计,实际也是由京朝派"四合院"的格局变化而来的。

《红楼梦》大观园怡红院中小小的"五间清厦",潇湘馆"小小三间房舍,两明一暗",等等,这些无一不是拆散四合院的房舍格局变化而来。不过这些留待结合文学、艺术来讲,在此就不多说了。四合院的变化,自不仅限于以上三端,其他在别的文章中连带着再说吧。

四合院欧化

　　西学东渐,欧洲文化影响到中国,表现在各个方面,自然也影响到建筑艺术上。最著名的是圆明园的西洋楼,可惜一百二十年前,被也代表西方的另一种东西,即帝国主义侵略者英法联军所焚毁了。不过话又说回来,西洋楼虽好,那是皇家苑囿,不是一般人家的东西。至于说到一般人家的四合院,受到西方的影响,那还是以后的事。

　　四合院欧化,如何欧化呢? 说得简单些,穷的装扇玻璃窗,富的装个抽水马桶,这也可以算是欧化了。但这只是增加一点带洋味的装修,还谈不到"化",化者,按照鲁迅先生的说法,彻头彻尾、彻里彻外之谓也。四合院欧化,如果照上面所说,那样"彻"下去,便要成为花园洋房了,因而也不可能那样彻底地化,只能在一定程度上的化,即不改变四合院基本形式上的化。

　　中国庭院和欧洲庭院最根本的区别,一是四周盖房,中间留院落;一是中间盖房子,四周留院落。四合院的欧化,随意怎样化,而四周盖房子,中间留院落这一原则不能改变。至于其他方面,则可以模仿不少西式格局,以期既保存四合院之情调,又吸收西式房屋之优点,这样就中西合璧,相得益彰了。这就是所谓四合院的欧化。下面我想举两个比较典型的例子。

　　一是北京东城南小街新鲜胡同一所欧化的大四合,这原是中国营造学会创始人朱桂莘老先生的产业,不过并不是他自己住的,他另外有宅子。这所看上去完全是老式大四合的房子,是欧化了的。有几点特征，下面一一道来。

第一是大门。新鲜胡同是东西大胡同。西口通南小街，东口到东城根，面对城墙，交通便很偏僻不便了。因而这个胡同的住家，进出大门百分之八九十都是走出时由东向西，归来时由西往东。这所房子坐北朝南，按照古老传统，大门开在南房的东头，才合格局。但这样出入必然要从自己房子的南墙外走过来，才能进出大门。要多走十五米左右，无此必要。因而这所房子的大红门是开在南房的最西头，这便是对标准大四合的一个大突破。

第二是外院。这是一座大五间口的大四合，而且在南房西面山墙外还有一点点空地。这就使房屋院落布局都较为宽敞。进大门不是左手转弯，而是右手转弯，先是三间一般式样的南屋，两明一暗，并不特殊，正对东南角，不是写着"西园翰墨"的月亮门，而是长扇玻璃窗的东房最南头一间，这院子四间东房，三间隔在里院，一间隔在外院。院子虽然隔开，室内却连在一起。原来把厨房和小的水汀锅炉房都安排在东南角上，连着那一溜东房，最南头一间是配餐室，里院三间是餐厅，这种布局、设备，就全部是欧化的了。而且设计非常合理，水汀锅炉烟囱在东南角，冬天使用时，刮西北风，煤烟吹不到院中。刮东南风时，天气已暖，不必烧水汀炉了。

第三是里院，没有大垂花门，是大月亮门。里院院子中间十字砖引路，引路外全是很厚的金丝草地，绿油油的，十分喜人。但这却是标准的外国派头，老北京四合院中是不兴铺草坪的。

站在院中一看，东、西、北三面都是一色的立式西式玻璃长窗，油漆成绿色。东北、西北两个角上，既无月亮门，更无屏风门，而是连在一起的曲尺形。这是怎么变化的呢？原来是把标准四合院的三正两耳的五间北屋盖成一样高大的一长溜,再把东西房同北屋两头连在一起。这样老式北屋两头的耳房,以及耳房窗前的小院就都变成东西屋和北屋相连的房屋了。三面都有房门通向院中,三面室中又都走得通。其屋架结构像上海的石库门房子一样,但院子足足有一百平方米,宽大多了。

室中也是中西合璧。地板、护墙板,全部水汀,三个设备齐全考究的卫生间,而各个居室间的隔断却全是黄杨木雕花的,庭院中也全是四合院情调,因而说它是欧化四合院。

四合院欧化,一种是外面看上去是四合院,而内中发生了大变化的;另一种则是外面看是西洋式建筑,而内中还保存了一些四合院形式的。这两种都属于四合院欧化的范畴,我青少年时期卜居的苏园,便是后一种。感谢当年的居停主人,使寒家有托庇之地,我家在这所大宅子的后面围房中,租了几间小屋,于风雨如磐的岁月中,度过了十三四个寒暑,前尘历历在目,其间多可悲亦多可喜者。但我在此小文中,不能谈其他,只能把这所大宅子有关“四合院欧化”的特征说一说。

按照现在流行的说法,这所大宅子,不单纯是一般的大宅门、大四合,而可以说是超级大宅门、大四合。因为它全部房屋,共有二百七八十个自然间,大小平均,总面积在三四千平方米。占地面积,包括住宅和花园,共约七八十市亩。这是清代末年一位尚书公的第宅,而且是尚书手中建造的。房子很新,是本世纪初盖的。八十三年前“庚子”时,这房子也还没有,尚书公也还未当尚书,在侵略者八国联军蹂躏北京时,他的官职是巡城御史,负有地方责任。那拉氏回銮之后,他经手重建庚子时被焚毁的正阳门箭楼,经手修建东陵,这样宦囊丰厚,不久就作了新成立的邮传部尚书,又修了这一大片住宅。

这所房子，两层洋式大门，大门进来是外院，右手祠堂，左手马号。中间大片花木林中，一条曲线形引路，进入拱形二门。二门是一排七间西式平房的中间一间，当年双马四轮大马车可以一直赶进去。二门内又是一大片花木林带，中间引路约四十米。走出花木林带，便看见西面迤逦着一大片高大的房屋，由北到南，连成一片，朝东都有长形西式窗，窗是西方老式的，上下拉动的窗户，外面还有百叶窗，俨然是西洋建筑。看上去像俄国式、法国式、美国式，实际都不是，是庚子以后的仿欧洲改良式。这是庚子后，维新主义者学洋派的产物。庚子前，北京已经有点洋玩艺儿，但在义和团进京后，两三个月中，全铲除光了，据说人们吓得把整桶的煤油都泼在臭沟里，把煤油灯都扔了、砸了……但庚子之后，又纷纷以讲维新、懂洋务、用洋货为荣了。一位主管路、航、邮、电的尚书，修第宅，自然也要盖成西式的了，但又保存了四合院的风格。

住宅的正院是院子有宽、长各二十米的正方形的磨砖大院子。院子的四角，有顺着南北廊子从山墙上钻出的门通向外面，院子四面房屋，都前后有窗、有门，通向他院。这所正院怎么个结构呢？用鸟瞰的办法加以说明：

最南面一大排十一间，两面有门窗、有宽大走廊的房屋，每间都有四米宽，七米长，是极为宽大的大屋子，这排房屋南面另有院落，是那个院落的北房，却又是正院的南房。对着这排房，隔开二十米，又是一大排十一间房屋，也是南北都有门窗。在这两排南北大屋的两头，各有五间同样大小的东西屋，这样四周房子连在一起，中间形成一个二十米见方的大四合院。但这个大四合院又是洋味的。正方形的院子，四周宽大的走廊连在一起，夏天都挂着大竹帘子，安静极了，阴凉极了，使人想起"更无人处帘垂地"的诗句,这完全是"四合"的意境。但是卷上珠帘,却不是雕梁画栋,绮窗朱栏;而廊柱都是方形的外国样,窗户都是嵌在磨砖墙上的长方形框子,拉上拉下的外国式玻璃窗户,这又完全是洋味的了。这就是四合院欧化的另一种,西洋式建筑,保持着四合院的古老形式。

这所大宅子,二百几十间房,精美的正院是这种格局的,周围的许多围房院、偏院、跨院、前院、后院,也都是这种半中半西的格局,不过简陋得多,但也都是一个个的小四合、小三合,但门窗又都是洋式,这种房子比真正黄松木架的老四合院在造价上便宜多了,能节约大量木料。但却相当适用。居住十分方便,似乎超过老式四合院。这种院落的平面图是如何布置的呢?我不妨举个例子说一下:

一条东西长近三十米,南北长约十五米的地皮,在北边先盖一长溜北房九开间,然后在第三间和第七间窗外留出约二米宽走道,各盖两面开窗的东西房各三或二间,南面再界以院墙,这样这一大溜北房便界为三个小三合院了。而所有房子,先砌墙,后架檩架,不用柱子,檩架在墙上,墙要承重,俗名"硬梢搁檩"。门窗俱是西式的。如现在一般砖木结构的平房造法一样。这是普通四合房欧化的形式,大体都是庚子之后出现的。

四合院欧化还有一种特殊情况,就是把院子也改房子。不过这种情况一般人家很少见,较多者是公共场所和商业机构。如最初改建的著名的怀仁堂,这本来是宫廷式的极大的四合院格局,改建后把院子加上屋顶,十分高大,作为会场,四面房子,除一面改建为舞台和后台,其他三面都作为休息室,油漆一新,便美轮美奂,成为举世闻名的会堂了。南河沿四十年前的舞厅曰"雅叙园",也是这样一所七间口的大四合改造成功的。院中上面架屋顶,下面正中修一小喷水池,周围作舞池。四面房屋,门窗全去掉,修成敞轩式,正好摆座位。这所房子现在还在。旧时西长安街路南有一家小饭店,也是如此改造的,把院子上加顶棚,下铺花砖,作为大厅,四面房屋,均隔成一一单间,向大厅开门,作为客房,俨然一西式宾馆矣。

凡此种种,均可作为四合院欧化之例证吧。

四合院细部和缺点

细 部

砖墙 瓦顶

庖丁解牛,目无全牛;与可画竹,胸有成竹。旧梦迷离,闭目神思,情景历历,如在目前,一所四合院,那格局、那境界、那气氛、那声音……是浑然一体完整的东西。而那门户、那院墙、那房栊、那回廊……却又是一桩桩、一件件,可以分开回忆,分开欣赏,分开评说。

笼统地说"四合院",但细分起来,却有大有小,有精有粗,千差万别。而在同一个四合院中,大门、二门、垂花门、月亮门、屋门、屋墙、山墙、院墙、影壁墙……每一个局部的地方,都有它不同的样式、不同的做法,说到细微处,那也是说不完、道不尽的。

不妨先从墙说起。四合院是封闭式的,人们走在那数不清的大大小小的胡同中,不论春夏秋冬,不管晨曦黄昏,行人是不多的,人们的活动都在院子里,留给胡同的,大多是双扉紧闭的各式各样的大门;蓝阴阴、灰茫茫、水碱迹斑驳的各式各样的墙头。映入你眼帘的就是这些。一个外乡人,你如匆匆而过,不大注意,你不会留下什么特殊的印象。如果你是细心人,对此感兴趣,仔细观察,会从这些默默无言的古老的墙上发现许多不同的地方。比如大门边上的南房后墙、北房后墙(这指东西向的胡同,路北路南的院子),有的屋檐露在外面,压在墙上,可以看见屋檐下的椽头;有的却直包到顶,看不见屋檐和椽头。这就是两种不同规格的后墙,按营造术语,前者叫"露檐墙",后者叫"封护檐墙"。

　　如果你在南北向的胡同中行走,你会望见或看到左右北屋或南屋的"山墙"。四合院的房屋,除去极少数的平顶或"一面坡"(即后面高、前檐低)的屋顶外,所有房顶,都是两头低,中间高,因而两头的墙,也必然是中间高起,两头低下,像山峰的形状一样,所以叫"山墙"。而这山墙上面与房顶要衔接,山墙的里面,还包砌着柱子、梁等房架子的木制件。这山墙也有不同的式样。庙宇的殿堂,屋顶伸在山墙外,叫"悬山",一般住宅四合院,山墙封住屋顶侧面,叫"硬山"。考究的房子,山墙与屋顶衔接处,在顶部由屋脊处分两条脊,顺前后坡而下,直到前后屋檐,叫作"博脊"。在博脊下,顺前后屋顶坡形斜线,沿边铺瓦,或用"帽头"(筒瓦头)、"滴水",或单用"滴水"上下合扣。在山墙顶上,形成一条花边。山墙顶端,与这一溜"滴水"连接处,再用细磨方砖镶一条边,这一行统名之曰"博缝板"。这就是十分精美的山墙,名叫"大式硬山山墙"。如果简易些,山墙砌到顶部,与房顶连接处,用砖砌成凸出三条棱的、状如百二三十度顶角等腰三角形的两条边,而且要稍下凹的弧度,再用青灰勾抹整齐,这样的山墙,简单明洁,古朴宜人,叫"小式硬山山墙"。这是一般四合院东西南北屋极常见的山墙。

　　四合院中,三间大北房,姿高气扬,雄踞院中间,两堵山墙,高高地夹着它,山墙的向南竖截面,伸出一大块,上与檐齐,而且你会发现,上端下端,砌得十分精美,而且有的还刻花。这部分术语叫"墀头",俗名叫"马头墙",即山墙,侧面看,像山峰。在屋檐下，迎面，又像"马头"。

这个地方，由下到上，分作几个部分。下面连台阶处，叫"小台"。考究的这里要砌块竖条石，叫"角柱石"，角柱石上端，横压一条石，叫"压墙板"，齐檐处再横砌一条石在墙内，叫"挑檐石"。顶端与屋檐衔接处，正面立嵌方砖，作向前微斜面，砖上刻花纹，有精有粗，一般都是有谱的。在此就难以尽述了。

四合院中任何三间房，一般都有"后檐墙"，两面"山墙"，有廊子的，山墙伸在廊子部分，叫"廊墙"，窗户下面由窗台到地的叫"槛墙"。在正房、耳房与东西房后檐墙连接的墙，隔开院里院外，或临胡同的墙叫"院墙"。在屋内柱子间砌墙，把房间隔开的叫"隔断墙"。

这里附带说一句。三间正房或三间厢房，隔成两明一暗两个房间，或隔成一明两暗三个房间，都用"隔扇"，一般不砌墙。北屋三正两耳，都要有山墙，即六堵山墙，三正两耳大的，两耳各两堵小的。即如在正房套间山墙开门穿到耳房中，要打通两重墙，老式好房子，厚度以三砖半计，有市尺三尺厚了。

以上说的是四合院的墙，砌墙要用砖，如果你再仔细注意那些砌墙的砖，便会发现也是多种多样的。这里由精美到简陋，有许许多多层次。

先说精美的。首先讲究磨砖。宫廷建筑、王侯府邸、寺庙富商，盖磨砖建筑，自不用说了。即使很小的四合院，也不乏磨砖的建筑。

磨砖是把新砖(一般三种规格，大长条的城墙砖，营造尺寸：长一尺三寸五分，宽六寸五分，厚三寸二分。北京俗语谓之："三砖一尺高，四砖五尺长。"常用条砖，营造尺寸：长八寸，宽四寸，厚二寸。墁地方砖，二尺、尺七、尺四、尺二见方。最大最好的方砖是宫中用的"金砖",二尺、尺七见方),用水浸过,用砂石将六面表面都磨细,磨过之后,再给砌墙的把式砌墙。

最考究的磨砖墙砌法,由屋基台阶上砌起,先砌"腰线石"下面一段,用磨好的城砖砌,砖与砖之间,几乎看不见缝隙,用糯米石灰从中间缝隙中灌浆,使之成为浑然一体,看砖的外表面,几乎像一块不反光的水磨大理石一样,这样细腻。通俗行话叫做:"干摆浮搁,糯米灌浆。"即砌砖时,表面这层砖,不把石灰抹在砖上砌,而是平摆在上面,让糯米石灰浆从里面渗透过来,把它粘牢。

在这上面再用磨好的条砖砌上半段,砌时条砖横码曰"顺",直码曰"丁",顺丁相间,成"丁"字形。砌时砖要抹细石灰,要把缝对正,砖与砖之间的石灰缝,成一条极细的直线,上下对得十分齐。这叫做"磨砖对缝"。

这样砌砖,抹石灰的要求很高。比这要求低些的是"磨砖勾缝",石灰缝要粗些,砖与砖之间的石灰缝,用瓦刀随着砌砖,随着把它勾勒成一道凸起的细棱。还有一种用磨砖砌墙,砌时比较粗糙,砌完后把石灰缝修整整齐,刷上青灰,叫做"磨砖打掭缝"("打掭"北京土话,是收拾修整的意思)。

精美四合院,磨砖的细活多,除房屋的后墙、山墙外,还有影壁、垂花门两边的墙,都是磨砖细活。不但要磨,而且要砍,要凿花。清李斗《工段营造录》在《砖作》一篇中,列的操作细目有六七种之多。其手法有"剁磨"、"铲磨"、"磨平"、"见方"等种类。可见其精美内涵的丰富。

当然,一般四合院,只有少数磨砖活,或极少磨砖活。如"马头墙"、"砖影壁"、砖砌门楼等。其他大部是不磨的砖,甚至于碎砖所砌。北京有句俗话道:"北京城有三宝……烂砖头垒墙墙不

38

倒。"北京不少很大的四合院子，它的不少墙头都是用碎砖头、烂砖头砌的。北京四合院的确有不少磨砖对缝的精美小四合，但也同样的确有不少烂砖头砌墙的大四合。这是外地人很难思议的。

道光时宝坻李光庭《乡言解颐》"垒墙"条云：

> 家乡墙用整砖，三顺一丁。京中用开条砖，整散间用，尚可。竟有全用碎砖，以灰抹之，谓之"穿道袍"，危如垒卵，虽东窖砖好，奈不整何？

宝坻在京东，距离很近，在盖房上就有不少差异。北京碎砖垒墙，大概不外两个原因，一是碎砖便宜，二是碎砖多。明清以来，几百年中，北京官方民间，营建不断。时盖时拆，每一大工程下来，便有许多碎砖，按尺寸整齐地堆在一起，便可成方地出卖。这样相沿为习，直到今天，北京住家还有储存碎砖，预备盖小房的习惯。

四合院墙花

砌墙时,四周用新砖,中间用碎砖,砌好后,四周新砖如同一个边框,中间碎砖所砌,用青灰抹好,如同一个镜心,也十分典雅,这在北京旧时胡同中,是常见的。也有不少,由底到顶全用碎砖砌的墙头,砌时不全用石灰,而用"插灰泥",牢度很差。砌好抹上青灰,甚至还画出假砖缝,也十分好看。但不坚实,用不了几年,赶上秋雨连绵的日子,先是大片墙皮脱落,再让雨一浸,整个墙头就倒了。所以谚语说的"烂砖头垒墙墙不倒"的话,也只指新垒的墙,时间稍长,便要现原形了。那和磨砖对缝的新砖墙是不可同时而语的。

墙之外,就是屋瓦。民家四合院所用屋瓦,大多是青板瓦,正反互扣,檐前装滴水。山西一带民房屋瓦,是板瓦铺底,筒瓦骑缝,以抗西北高寒。北京则除宫廷、府邸、寺庙而外,民间或也有用的,不过很少。大部分是板瓦铺底,板瓦反扣骑缝。有一种因经济关系,简易的做法,即下面用板瓦铺底,骑缝处用"插灰泥"勾抹成棱状,外刷青灰,猛一看也像筒瓦一样,但较筒瓦细。这种经济做法,俗名"灰梗"。还有更简易的屋顶,在垂直于山墙处、房柁处、前后檐处,平铺板瓦,其他处抹灰,如此做法,叫"棋盘心"。房顶一片瓦都不铺的,全用青灰抹,叫做"灰棚"。那是北京四合院中,最简易的屋顶。厕所、堆破烂的小房,常是这种房顶。

北京四合院屋瓦,同江南、四川等地全不一样。江南、四川等地屋瓦,是平铺在屋面上,浮放在上面,只是一块压一块而已。并不加任何固定。而北京盖房铺瓦,先要在瓦下抹一层插灰泥,把瓦一块压一块固定在泥上,铺好后,把瓦垄都要用插灰泥勾抹严实。平时保养得好,每年春天扫净瓦垄,勾抹开裂的地方,这样可以夏天不漏,房顶也不长草。不然插灰泥缝中落上草籽,夏天雨水一湿,便会发芽长草,弄得房顶上野草丛生,那么也就床头屋漏无干处了。

说到四合院细部,提到屋瓦,那还是比较单调的,远远没有砖活、木活等那样丰富多样。但就这单调的瓦片,那我也不厌其烦地说了许多话,读者也许感到枯燥无聊。而我则是带着深厚的思旧之情,叙述这一单调的事物的。旧时诗文中,有"屋瓦鳞次"这一成语,这说的很形象,的确像鱼鳞一样。旧时北京楼房很少,基本上都是四合院平房,如站在景山、琼华岛等高处一望,真是形象的"屋瓦鳞次"了。记得一九三六年冬天,那时我还未上中学,家中订着《世界日报》,星期天赠送一张画报。一次画报上登了一幅国画,画面下面三分之一画的都是四合院的房顶,栉比鳞次的屋瓦,密密层层,其他什么也没有,在这上面飞着一群乌鸦,这幅水墨画构图别致,上面题着"古城日暮"四个字。用密集的屋瓦表示"古城",用乌鸦表示"日暮",而当时正是抗日战争前夕。这幅画的意义就更深刻了。但如不熟悉北京四合院从高处下望所得的印象,不熟悉北平冬日乌鸦之多,没有那个时代的生活,便作不出这样的画来,也无法理解这画的意境。五十年——半个世纪过去了,这幅画还清晰地展现在我的眼前,现因介绍北京四合院屋瓦之故,又提到它。愿与读者共同神思其意境。遗憾的是:作者是谁,当时年幼未注意,现在就更无法介绍了。

大门 垂花门

四合院的细部,在说完砖墙和瓦顶而后,那就要到大门了。一个陌生的异乡人,来到北京,穿街走巷,望着左右两旁各式各样的大门,黑洞洞的,不知里面是什么样子——如果遇到神经不健全的梦呓者,也许会忽然感到莫名的恐惧,说不定哪个大门会突然打开，扔出一粒原子弹来——这也难怪，因为北京四合院的大门，习惯是双扉紧闭的。从明清以来直到半世纪前，北京善良的住家户，习惯上是如此的。大家关住大门过日子，不招惹是非，间壁人家是谁，也许住个三年五载，没有见过面。"鸡犬之声相闻，民至老死不相往来。"北京旧时四合院的老住户，多少有点这种派头。住过四合院，作过安善北京人的人，领略过这种宁静的气氛，熟悉过这种环境，望着那大小胡同，各式各样双扉紧闭的四合院街门，下意识也不会想到会大门一开，跳出一只吃人的老虎；或里面正在进行某种秘密勾当，一定要挨家挨户查抄一遍才放心……

上面说的好像是闲话，实际我只是说明当年四合院大门的气氛，一样的门，这同花园洋房的大铁门、石库门房子的石库门，在感觉上、气氛上完全是两样的。四合院的门，双扉紧闭，安静地立在那里，代表的是北京味儿。

四合院的大门，如果细致地说，把它拆成各种"零配件"，那是相当复杂的。单纯营造名称，就有许多。不妨举出来看看：

门楼、门洞、大门（门扇）、门框、腰枋、塞余板、走马板、门枕、连槛、门槛、门簪、大边、抹头、穿带、门心板、门钹、插关、兽面、门钉、门联，等等。

一座四合院大门，是由这么许多零部件组成。四合院的大门，一般说，也是比较多数的是占一间房的面积，甚至说是南房的一间房。作为大门的这间房（小四合占半间房）有时另起山墙，特别单盖，比同排其他房屋高些，有的虽不单盖，也在顶部起个脊，两头翘起，以显示其特殊。这叫做"门楼"。虽然不是楼，因其总是高一些，习惯便以"楼"相称了。既称"楼"，必有顶，顶下有门，关上门，里外隔绝；打开门，里外透光。形同洞穴，所以叫"门洞",又叫"大门洞",这是北京大小四合院的术语。西式房屋大门一般是没有的。

门有门扇,这好理解;门扇装在门框上,也好理解,现在宿舍房门也都要有个门框,何况四合院街门呢?门框上面有门楣,包括门框上面横木即上槛;上槛以上连接顶部的木板叫"走马板"。门框两边的木板,叫"塞余板"。而且在木槛上,习惯还装两个(大的府邸型的门要装四个)直径五六寸、圆形或六角形的木头,叫"门簪"。大门的上面,也可以说是门框的上面部分,就是这样。如果过年贴春联,这上槛中间是贴一横批,什么"吉庆之家"、"一门五福"的地方,那一对"门簪",就贴小斗方,"福"、"寿"之类的吉语了。

门框的下面有"门槛"。"纵有千年铁门槛,终须一个土馒头",这是有名的诗句,被曹雪芹写入《红楼梦》中,惹出不少麻烦。"门槛"是门的界限,以区别内外,即使大门开着,立在槛外,也还是"门外汉";跨上一步,抬腿迈入门槛,便是"入门"了。这一步不好跨,有的人,挤半天,跨不进去;有的人,一溜,就跨过去,进门了。所以上海有句精辟的话,叫"门槛精"。跨门槛,是有学问的。

大小四合院都有个门槛,不少都很"精",但这精是建造精、工艺精。而"精"的本身不在中间的千人登、万人跨的槛木,却在门槛两边的"门枕"。门框上面左右两端装有铁或木"连槛",下面两端装有木或石"门枕"。连槛只装在门框里面,门枕则里面外面各一部分。双扇门左右对称在靠门框处,有转轴,上面伸在连槛里,下面插在门枕的圆槽中。上下两端,其作用都是固定门的。而石制的门枕,在不少街门前,则又都是雕工十分精美的艺术品。高级的抱鼓石,或一般的门枕石,不少都是汉白玉按谱造型,精雕细刻的。

门扇都是木制的。但从结构上说,四周大边、抹头作成框子,横加穿带,再加中间的门心板,才作成一扇门。门外要钉门钹,最普通是铁叶子门钹门环,稍微考究一点,便要用黄铜的。高级的要做成兽面黄铜门环,那便有如府邸的朱门了。最后门框门扇都要油漆。

试想油漆的明洁的红门或黑门(清代一般住家四合院只能油黑大门,可加红油黑字的对联,不能油红门。辛亥后逐渐有油红门者,但仍以黑油大门为多),再钉上擦的光闪闪的黄铜门钹,多么谐调气派。即使一个小四合,有这样的大门,也足以显京华的气派。而且在半个多世纪前,这样的大门,还习惯在门框的左上角钉个光闪闪的三四寸宽、五六寸高的黄铜牌子,上刻"张寓"、"李寓",或加籍贯"山右常寓"、"岭南方寓"……可怜,这样的四合院门,如今只存在某些白头人的记忆中,说与稍微年轻的朋友,那是无法想象的了。

四合院大门的大小深浅,变化也是多端的。除去殿宇府邸特殊的五间、三间大门而外,一般常见的四合院大门,大体分成这样几种。一是外面有门洞的大门,这是大宅门的式样。就是和南房同一行列的大门,一般是进深五架,顶部五道檩,那大门门框的位置,垂直于第三道檩,即中间最高一道。这样的门,既大且高,里外都有半间门洞,深度都在五尺以上,是最为气派的。如南屋较浅,只有四架,即四道檩,那门也安在由里向外数第三道檩,这样所留门洞,就是外面浅、里面深了。

同样大门,如果换一个位置,把门安在临街一道檩上,那就要换一种做法。门较小,也低,门框两边及上部都是磨砖活,刻花。这样一上台阶就是街门,外面没有门洞,把门洞全部留在里面,十分宽大。这种门洞少数在通向院子处,又装四扇屏门,中间两扇常开,边上两扇常关,形同虚设,只是华赡耳。

如果小四合,只以半间房的面积作大门,习惯自然是这种"小式"的做法。所以北京各胡同大大小小四合院,这种"小式"做法的街门最多。有的大门左右大排大排临街开,里面四五个、六七个大四合连在一起的大宅门,也都是这种"小式"的街门。如著名的东城金鱼胡同那里的房子,都是这种"小式"的大门。现在这所有名的"那家花园"已经拆光,盖成换取外汇的高楼了。

还有些小四合,街门不占一间房,而只是开在墙上,大多是路东路西的门,这就全用砖砌一个小门楼,由最精美到简易的也有很大差别。精美的磨砖刻花,起脊宝顶,像寺庙的碑楼一样,简易的上面用瓦片砌一点花女墙就可以了。这类小门在南城及偏僻小巷中较多。门里门外,就都没有门洞可以遮风挡雨了。

垂花门

这些大大小小的院门,那些熟悉的胡同、台阶、门洞、门钹,轻轻敲两下,熟悉的声音……深藏在我的记忆中,显现在我的闭目神思时的眼帘前,却渐渐远了,破旧了,消失了……

四合院进了大门,还有许多门。大院子垂花门、月亮门,东西南北屋的屋门。

垂花门是标准四合院最华丽的装饰门,其作用是分隔标准大四合里外院的二门。此门外是客厅、门房、车房、马号,等等,是为"外宅",此门内是主人起居的卧室,是"内宅"。所以标准垂花门,门里有半间门洞,在进门的左侧,正面都有四大扇屏风门(直上直下板门)挡着,正面及左侧屏风门平时均关着,挡住视线。人进来要由右手转弯下台阶,才能进入里院。站在垂花门外,看不见里院的北屋、西屋,只能斜着望见东屋南端窗户。

进垂花门迎面挡住视线的四扇屏风门,只有红白喜事,或者过年时才打开。考究的都油成黑油贴金,或绿油贴金。上半段中间四个米红斗方,刻"斋庄中正"四字,或油四个"延年益寿"之类的汉瓦当。在其簇新时,华丽高雅,一派富贵气,但年华稍远,屏风门油漆光泽没有了,而贴金处因均系真金,所以仍旧黄灿灿的,既显示了岁月的流驰,也显示了旧时家世的显赫……这也正是古老的四合院的北京味中的一种境界。

垂花门之所以叫垂花,是此门外檐用牌楼做法。按李斗《工段营造录》中所载:大木作牌楼做法即"谓之三檩垂花门法"。即牌楼做法,中间一檩,中柱、边柱直垂到地。前檐、后檐各一檩,连接"垂莲柱",不到地,作垂花状,此"垂莲柱"用穿插枋、檐枋与檩、柱连在一起,以承荷屋檐重量。简单说:牌楼是两面都作"垂花式"。而四合院的垂花门,用术语说,该是"五檩垂花门",即门里,后檐部分,四檩;门外,前檐部分,留一条檩。两面一对"垂莲柱",下端雕刻成倒垂的莲花、西番莲等各式花样,其檩、枋等均加以彩画。因有"垂莲柱",所以叫"垂花门"。垂花门是北京四合院建筑艺术精华的集中表现,只此就足以代表明清两代都城繁华的一斑了。

也有比较简易的四合院,没有垂花门,在垂花门的位置上,是一个月亮门,以分隔里外院。这便要在月亮门里面,立一个像大插屏一样的木影壁,以挡视线,不让外面的客人对里院一览无余。这也是京华的规矩、风尚。现在破旧的大四合院中,尚未倒塌的垂花门,还比较容易见到,不过已变得像一个白发老妇惹人厌了。至于"木影壁"之类的玩艺,那就早已无用,也早已消失了。

装修　油漆

大门、垂花门、月亮门之类的门,虽然按照旧时"营造学"术语说,也归入"装修"这一大类。但是这些还都是独立的"门",和东西南北屋的房门有很大差异。其差异在于各屋的房门和窗户、隔扇(也作"槅扇")等是同类的,连在一起的东西。

如从建筑学原理解释,古老的四合院倒同现代钢架高楼一样的道理。就是先做好框架,然后用其他材料把框架的空隙处填满。为了内外空间、防寒等等目的,可以用不透光的材料填满。四合院用砖砌墙,现在最新的可用各轻型建筑材料。如为既隔绝内外,又要透光,便用窗。四合院用木窗,现代建筑用各式各样新式玻璃窗。把墙、把窗推倒,就剩下房架子。所不同者,古老的四合院剩下的是木架子,现代建筑剩下是水泥架子、钢架子。

四合院的窗户和房门,不同于一般西式建筑,在砌墙时,留一些大大小小的洞,而是在房架子两根柱子之间,装"支摘窗"和

"隔扇"。为了说明房门,先要说隔扇。

三间房屋,中间一个明间,两边各一暗间,也就是常说的"一明两暗",或"一堂两屋"。通向院子的房门,是在中间明间,进入明间,然后左右有门通向暗间。明间通向院子一面,是四大扇隔扇。两边两扇,可以拆下,平时却不开启,等于是上半部小格窗,下半部木板(包括头抹、板裙绦、板裙组合起来)的一个大框子。中间两面框扇,随时开阖,就是两扇"隔(槅)扇门"。这就是房门,东西南北屋都是这样。

四扇隔扇,嵌至上槛、下槛、左右抱柱间。中间两扇,平日当作房门开阖的地方,在上槛和下槛四角各钉"荷叶栓斗"、"荷叶墩"一枚,以插装"帘架"。帘架是两根方木边框,上面横着连一"帘架花心",形同小窗。帘架的作用是挂帘子的。帘子是四合院重要的配件,留待以后再讲。这里还先说门。在帘架横窗下,装一个像现在房屋一样,一面开启的门,叫做"风门"。这也是正式的房门。如此读者可以理解到,在四合院的房门处,一般是两道门。里面是隔扇,双开双阖,外面是装在帘架上的风门,是单扇门,单开单阖。有的有风门,又挂帘子,那连里面的隔扇门算起,就是三重了。

左右暗间,按老式做法,与明间也都是隔扇隔开,也有帘架。明间、暗间之间的隔扇,有用料十分考究、雕镂十分精细的,那都是很值得重视的艺术品。细说起来,也是无穷无尽的。通向暗间的门,一般都是隔扇、帘架,旧时很少再装风门的。后来明间通暗间才逐渐有了改装风门的。

左右暗间是用"支摘窗"和窗下的短墙与院子隔开的,这短墙在营造学上名叫"槛墙"。为什么叫"支摘窗"呢?因为这种窗户,既可以用装在窗档子上的铁勾子支起,又可以摘下。

所有窗户和槛墙实际也都是嵌在上槛（无下槛）及左右抱柱中间的大框子里。槛墙虽在窗户下面，但不承荷窗户的重量。窗户是用木榫头嵌在左右抱柱上。大小比例，槛墙在下占三分之一，支摘窗在上面，占三分之二。支摘窗作"田"字形，共分四扇，上扇均可支起，下扇一般固定。晚近下扇都装玻璃，上扇大多仍旧糊纸。上扇习惯两层，第一层窗棂，里面一层"纱屉子"。把窗棂支起，便露出"纱屉子"，夏天糊纱，以利通风了。再有考究的，在上扇窗外面，还可以装一块能把窗户全部挡住的"护窗版"。平时摘下，极冷的时候装上。这样就是三层了。这是内城府邸式的格局，一般人家没有。

　　隔扇、帘架、支摘窗，等等，在旧时营造学中都叫"装修"，这个词是动词，但在此却当名词用。这些装修都是木制的，其精美与简易，中间差别很大。

　　四合院房屋的室内装修，除去隔扇、帘架（包括风门）、支摘窗而外，还有两种十分精美，类似装饰性部件，却又有实用价值的东西，那就是花罩、落地罩、暖阁等，前两样并为一种，后者为一种。三间房屋，如果两明一暗，习惯于进房门右手一间作暗间，即一溜隔扇、帘架，把这一间隔成里屋一个小房间。在另外一面，是两个自然间连在一起，没有隔断，俗语叫"掏空两间"，十分明亮。如果在两个自然间当中明柱处，上连横栓，装一溜雕花牙子，似窗棂而露空，两边不到地面，是曰"花罩"，如果到地面，叫"落地罩"。这把明间两个自然间的界限表现出来了。其做法或用小木开榫做成各式花格，或用木板雕镂各式花纹，都是精美的图案，显示了四合院建筑艺术的独特风格。近四十年前，在豆腐池一所大宅子东院北屋住过半年。明间一幅黄杨落地罩，既新且精，迄今给我留下鲜明的记忆，可惜这位雕刻的高手木匠，不知姓甚名谁,当然,可能早已成为不名的古人了。

转过落地罩,在临前窗处,或靠后墙处,再加一道类似落地罩的界限,或左右用一扇隔扇,上加一个横披窗隔,把这间房又隔出一小块,里面可挂大幔帐,这就是"暖阁"。这个房中套房,阁中套阁,等等,在装修上,是十分精美的,在作用上,则是把大屋隔开界限,挂上各式幔帐,打开时十分豁亮,拉上时,便于回避,也便于挡风保暖。在一室中,可以变换用法,十分方便。

北京四合院用建筑学术语说,是木建筑,房架子檩、柱、梁(枋)、槛、椽以及门窗、隔扇等装修,无一不是木制的,所以叫"木建筑"。又因其在木制房架子周围用砖砌墙,上面用盖顶,所以也可叫"砖木结构建筑"。上面所说"细部",就是把它露在外面的木制装修,砖瓦墙壁、屋顶等都大体介绍了。最后还要简略地介绍一下油漆。

民间四合院,虽非金碧辉煌的宫廷建筑,但因是木建筑,木头要油漆以防腐、防裂。油漆不油本色,加以色彩,这样门窗椽柱,便有了颜色。江南住宅,不加彩画,一般都是荸荠色。北京四合院,是京朝派,要加彩画。

梁思成先生《清式营造则例》中有"彩色"一章,此章一开始便道:

> 颜色在各派建筑上所占的位置,没有比中国建筑上还重要的。"雕梁画栋"这句成语已足作中国古代建筑雕饰彩画发达的明证。

后面又道:

在木料部分需要油漆保护的原则底下，颜色工料随着讲究，成丹青彩画，为中国建筑上一种重要装饰。

梁先生的名著，主要是讲庑殿、寺观等高级建筑的。不以民间住宅四合院为主，但也包括四合院在内。因为一般四合院梁柱、门窗及檐口、椽头也要油漆彩画，自然没有殿廷、苑囿那样金碧辉煌，但也彩色缤纷。

由大门说起，大门在清代一般人家不能油朱门，只油黑色。但可油朱红金字门联、斗方，或左右门扇上彩画"门神"。大门里面檐口可加彩。如有屏风门，可油绿色贴金。辛亥之后，二三十年代中，各胡同新盖四合院，不少都油成朱门。大小红门就不再限于王侯府邸和庙宇了。

大四合院的垂花门，油漆得是十分漂亮的。可以说是画栋雕梁，檐口、椽头、椽子油成蓝绿色，望木油成红色。圆椽头油成蓝白黑相套如晕圈之"宝珠"图案，如一个个明亮的眸子。方椽头则是蓝底子金万字绞或菱花图案。前檐正面中心锦纹、花卉、博古等。两边倒垂的垂莲柱头，根据所雕花纹，更是油漆得五彩纷呈。

东西南北屋檐柱门窗，也都相应的油漆彩绘。自然，普通民间四合院，大都是在新屋落成时，油漆彩画一新，年代久远，油漆自然慢慢褪色，甚至斑驳脱落，只要不是十分残破，也就更增加了所谓"诗礼旧家"的气氛。如果连这老宅子也守不住，到了卖祖产的时候，那就门第式微，房屋易主了。换了新主人之后，也许重新大修，重新油漆，甚至拆了重盖，古老北京的四合院也就这样不断新陈代谢着。

缺　点

旧时北京有句谚语道："有钱不住东南房,冬不暖来夏不凉。"一所四合院,东西南北四面有房,去掉东房、南房,那就只剩下北房、西房,也就是说二分之一已经不适用了。剩下的北房、西房呢？老实说,也只有中间三间北屋大正房,居住最舒服,屋基高敞,方向朝南,冬暖夏凉。正房的东西耳房,虽然也方向朝南,但居住起来,就无法与三间正房相比了。一是间量小,正房如果是七檩,耳房一般是五檩,在进深上,要少出二米多,使用面积一般要比正房的自然间少二分之一左右。二是它的地基低,正屋如果两层台阶,它则只有一层台阶。三是它虽然方向也是朝南,而窗外正对着东西厢房的山墙,十分高大,必然要挡住耳房的阳光,因而不会像正房那样豁亮。

再有西厢房,虽然冬日背风,西北风寒气冲击不到它,这点比面对西面的东房,面对北面的南房要好得多。但是夏天太阳出得早,晒起来也够热的。当然,比东房的西晒要好些,但也只是五十步与百步之差。因此仔细计算下来,整整齐齐的一所四合院,东西南北房,统计有十五六间之多,而住着最舒服的,只有三间大正房。其他十二三间,都存在着不同程度的缺点。从使用价值来讲,是十分不经济的。如一所标准四合院的基地,不盖四合院,而等距盖三排每排五大间的北屋,在居住上,要实惠得多。但这不成格局,北京旧时没有这种盖法,所以还是要盖成利用率并不高的、各式各样的四合院。

四合院的第二个缺点,是没有给厨房、厕所安排适当的位置。

一所四合院，后来住上十七八家，成为乱哄哄的大杂院，这且不去说它。就以半个多世纪之前，一般的独门独户，一家居住的四合院来说吧，也往往没有事先准备好的、位置得宜的厨房与厕所。

　　在厨房这一点上，北京的四合院，常常不如江南的院子。在江南，即使一所石库门房子，它也在靠后门的地方，安排好灶披间，预先砌好灶头和烟囱。北京盖四合院，却从不很好考虑厨房设在哪一间房中。有时新盖四合院，既未考虑厨房位置，更未预先砌好炉灶，而是根据住进去的主人随意考虑。北京大宅门的厨房，因为院子大，常常有跨院、偏院、后院，等等，即在正式四合院之外，另有不规则的小院，有三两间简陋房屋，可以辟为厨房。作为厨房，按照北京习惯，房顶一定要开天窗，以散油烟和蒸汽，要砌高灶，一般双灶眼，加汤罐。这样的厨房，在一个整齐的四合院中，几乎无处安排。有的人家，只一幢单独院子，常把厨房安排东厢房南头一间，烟熏火燎，影响垂花门里内院气氛。有的人家，将其安排在外院南房靠西头一间，但这家人家如有车房，便无法挤在一起，而且外院到里院，距离有一段，开饭时，端菜端饭，十分不便。

　　当然，以上所说四合院厨房位置，还是半个多世纪前，住房宽裕，一家人家住一所四合院的情况。如果人家一多，那问题就更难解决了。不要说变成十几户人家的大杂院，就以东西南北各住一家说吧，四户人家共住一院，而一个四合院安排四间厨房，是无论如何也安排不了的。只好家家户户都把煤球炉子放在各自的房门口做饭，自然"高灶"是用不起，也没有地方砌了。而同时与厨房有关系的锅碗瓢盆、米面蔬菜，都没有个放处，就必须和床铺、书桌、沙发、几椅等混杂在一起，这就应了北京的一句老话"锅台连着炕",生活起居无法分开,进入这种境界,四合院的缺点就更加充分暴露了,四合院的"末日"也就渐渐开始了。

厨房之外,厕所,那就是更困难的事。江南用马桶,北方其他乡间,均有茅坑。而北京传统四合院中,不少却不注意此点——自然不是全部——有的甚至根本没有。在清代北京居民有一非常坏的习惯,一直流传到后来,就是随地大小便的习惯。阅一九〇〇年仲芳氏编写的《庚子记事》,有两处特殊的记载。八月初九日《记事》中云:

> 德国在通衢出示安民,内有章程四条,其略曰:……一、各街巷俱不准出大小恭,违者重罚。

九月十七日《记事》中云:

> 近来各界洋人,不许人在街巷出大小恭,泼倒净桶。大街以南美界内,各巷皆设茅厕,任人方便,并设立除粪公司,挨户捐钱,专司其事。德界无人倡办,家家颇受其难。男人出恭,或借空房,或在数里之外,或半夜乘隙方便,赶紧扫除干净。女眷脏秽多在房内存积,无可如何,其所谓谚语"活人被溺憋死"也。

十一月十六日记云:

> 各国界内不准在沿街出恭,然俱建设茅厕,尚称方便。德界并无人倡率此举,凡出大小恭或往别界,或在家中。偶有在街上出恭,一经洋人撞见,百般毒打,近日受此凌辱者,

不可计数。

我不避文抄公之嫌,抄此三则文献,以证明旧时四合院不注意建筑厕所的事实。至于说当年是因为习惯于在胡同中随地大小便,盖房子便不考虑盖厕所,还是因为盖房子都不盖厕所,而使居民养成随地大小便的习惯呢? 孰为因,孰为果,一时也说不清楚,但却要等到洋人来了,才出"不准沿街出恭"的告示,才"建设茅厕",这明清两代,堂堂五百多年的皇都,在此点上,未免太不文明了。四合院再好,没有厕所,则是一个大缺点。当然,后来大多四合院,都修建了厕所,有的还修了现代卫生设备。但是也还有好多没有的。直到今天,仍然如此。

旧时四合院,不少都没有厕所,当然,更没有下水道,小胡同中,污水便要在门口乱泼了。

四合院的另一种缺点是建筑面积占地多,建筑费用较高。这点大家自然容易理解,宽大的院子,封闭式的房屋围在一起,高大的垂花门,等等,都要占用不少地皮。而在建筑上细部耗费人力、物力较多,费用较大。而且屋顶防漏、屋檐门窗木制件防腐,等等,必须隔不了多少年就要打扫屋顶,勾抹瓦垄,油漆门窗……这样防护维修花费也较多。所以从经济的原则来讲,四合院也不是很理想的住宅建筑。

以上所说是四合院的缺点。自然,四合院更多的是优点。而优点在其他各篇中都已分别说到,在此就不再对比加以说明了。

但如把优点和缺点作一个对比的小结,则不难发现,四合院的优点是在社会经济宽裕、人口密度不大的情况下才能充分显示的。因为四合院形成之初,它像现在一套宿舍房子一样,它原是给一家人住的。一家两代三代人,老夫妻一对、小夫妻一对或两对,住一所一般的四合院,也还十分宽敞。南屋还可以作客厅,还会有供客人住的闲房,供佣人住的下房。关上大门过日子,一个厨房,在外院旮旯、里院旮旯分别盖两个厕所,外男、内女,大家和和美美,安安静静,这样小四合院中优点便能充分显示出来,是人间的安乐窝了。但这样的生活条件,却要有两个条件保证:一是社会上经济稳定,物价便宜;二是房主人有一定经济力量。半个世纪之前,大胡同一所小四合按月租赁,房钱不过二三十元,如在交通不便,靠近城根,房租还要便宜。一个中学教员,高初中都教的,便有百元到百五十元的薪水,住一所独门独院小四合,即使没有祖留遗产,租一所住,也不成问题。如果是自己的产业,那自然只出些房捐及每年的养护费用,所费无几,更不成问题了。当然那些胜朝遗老、达官贵人、富商名流,各自都有大宅子,几进大四合院子,马号厨房、前庭后院、电灯电话,讲究的都装了水汀、浴缸、抽水恭桶,等等,那样的四合院,自然就只有优点而无缺点了。

七七事变之后,北京四合院的居民大多数日子越过越艰难,租房住的,原租独门独院,住不起了,大院改小院,四合改三合,由一家住变成与人合住,逐渐降低,半个院子,几间房,正房变南房、东房,最后变到一间房……自己有房子的人家,也分出一部分租给人家,以收点房钱,维持生活,慢慢大部分租给别人住……最后房子卖掉,自己也变成租房户。

一所四合院,最早住一家,后来住两家、三家、四家……时至今日,有的住到十几家,近年来人们又时兴盖小房……院中东一间、西一间,曲曲弯弯,"柳暗花明",变成了"八卦阵"、"九曲黄河灯"、"地道战"……这样就所有的缺点都充分暴露出来了。

四合院配件

　　这篇开始先要作个解题,认明一下什么叫"配件"。"配件"一词,是我一时借用的。在传统有关四合院本身的术语中,并没有这个说法。那么我所说"配件",是什么意思呢?简言之,就是不属于泥水瓦木、油漆水暖等建筑工种,而在四合院中,即在四合院生活中又万不可缺少的种种事物。小至糊窗户的一张纸,大至满院子搭的大天棚,都可以说在此配件之内。

　　四合院之所以令人赞赏、令人眷恋、令人怀念、令人神往,在于它曾经给人以舒适、安宁、恬静、温馨……给人以东方的、中国古老文化凝聚起来的感情上的感受。而这种感受是综合的,是多层次的,除房屋建筑本身外,还有其他与四合院房屋搭配非常妥帖的事物,共同构成这种给人以上述感受的境界。——如果只是空荡荡的一所四合院房屋,没有这些"配件",那是谈不到什么生活气氛的。

　　先说一下帘子,这个直到今天还是北京人生活中习惯使用的。在《红楼梦》第十七回中,作者在描写"试才题对额"时的宝玉和贾政的同时,忽然笔头一转,写到贾政问起帘子的事,找来贾琏,贾琏回道:

　　　　妆蟒洒堆、刻丝弹墨……帘子二百挂,昨日俱得了。外有猩猩毡帘二百挂,湘妃竹帘一百挂,金丝藤、红漆竹帘一百挂,黑漆竹帘一百挂,五彩线络盘花帘二百挂,每样得了一半,也不过秋天都全了。

这是忙中闲笔,却也是闲中忙笔,说明曹公行文,极为细致地反映生活,滴水不漏,把客观上需要写到的事物,随意点染,穿插到故事中人物的身上,既圆满地写到了事物,也生动地表现了人物,二者相得益彰,给人以极为自然的真实之感。但是不问别的,为什么单问帘子呢?这正说明旧时帘子与房子的重要关系,用现代话说,这是十分重要的"配套工程"。

在介绍"四合院细部"时就写到过,四合院各房所有房门,既包括通向院中的,也包括房内里外间的,过去习惯都是装隔扇,一架四扇或六扇隔扇,中间两扇左右对开,就是门,但这个门,外面又必然都要装个"帘架"。只有到了晚间睡觉时,才把隔扇门左右阖上,就是"关了房门"。白天则总是左右敞开,这时隔绝内外,就全靠挂在帘架上的帘子了。不然室内室外,在此处洞然无物,无内外之别了。所以帘子是四合院第一不可缺少的"配件"。尤其是"门帘子",比窗帘更为重要,因为旧时四合院房屋,大都是纸窗,如果不嵌玻璃,那就不挂窗帘也可以,而门帘则非有不可。

门帘一年四季都要用,由像《红楼梦》所写荣、宁二府,大观园到寒门小户都要用到。自然好坏的差距也就十分大了。最贫穷的稻草帘子、破毡帘子,到《红楼梦》中所写的"妆蟒洒堆"等绣花帘子,讲起来也还可以写一本专门的书。这里先不必细说,只说一些家常普通的,也就是鲁迅先生文中常提到的那种生活水准,即"既非富有,也非精贫"的那种中产水平。一所普通四合院,按照老年间的生活条件,东西南北屋房门上冬天要挂一挂有夹板的棉门帘,春秋要挂有夹板的夹门帘,夏天要挂有夹板的竹门帘。

什么叫"夹板"？就是在帘子的上端、中间、下端,分别用寸许阔、二分薄厚的长木板条夹住,铜钉再加铜垫圈钉牢,中间一条木板的中心铜钉上有铜环,由檐上垂一根绳,拴上钩子,可以勾在环上,把帘子吊起。用料一般用蓝布、黑绒镶边,棉的内絮旧棉花,用棉线纳成菱形格、贯圈、回文等图案,既增加牢度,又要讲求美观。夹门帘则有里有面,不絮棉花。高级一些的,用呢,蓝呢、红呢,或用毡,那就是《红楼梦》中所说的"猩猩毡帘子"了。如果家中守孝,那就不能用"猩猩毡"帘子,只能用白毡了。

不过上面所说这种带夹板的棉门帘、夹门帘,毕竟是很古老的事了。随着四合院房屋建筑细部的变化,这种帘子在半世纪前,一般人家也很少用了。因为绝大多数房屋,在帘架上已装了"风门",像现在一般房门一样,一面是轴,一面开启,就是过去习惯说的单扇门。一般是上半段玻璃,下半段木板,既挡风,又透亮,启动出入方便,因而习惯叫"风门",以区别帘架里面两扇格扇阖起来的房门。这样里外有两层门,冬天保暖较夹板棉门帘更为实用,所以老式夹板棉门帘,夹门帘逐渐被淘汰了。

为什么用"夹板"呢？一、增加其平整度,使之贴在帘架框上,不透风。二、增加垂直重量,风不易吹起。北京冬春之际,刮大风的天气多,没有夹板的帘子,很容易被卷起。三、便于掀起,掀时从中心夹板处一掀,人一侧身,便可进到屋里了。打帘子让客人进来,托起夹板,也十分方便。

四合院中,冬、春、秋三季帘子为风门所代替,说来也是盖有年矣,非一日也的事了。但夏天的竹帘子,却始终未被纱门所代替,仍旧是居住在四合院的居家必备之物。"风门"冬季虽好,而夏天却不能老关着不透风，必须敞着，如换装纱门，一来麻烦，二来晚上要关门睡觉，也不妥当。还是挂个竹帘子，白天把门敞开，又凉快，又透亮，还很实用。北京人夏天挂竹帘子已养成习惯了，住四合院时如此，不住四合院，搬到居民楼里，还舍不得这挂帘子，在北京居民楼的楼道里，夏天常常看见不少人家房门口还挂着竹帘子，把狭窄乌黑的楼道，还当成花花草草的四合小院。旧情眷眷，在单元楼中还做着古老的四合院的仲夏夜之梦呢。

住在四合院中，夏天挂竹帘子，屋里看得见院里，院里看不见屋里，"草色入帘青"，"更无人处帘垂地"，有无限朦胧的诗意，是足以代表东方美生活情调的理想镜头。而挂在单元楼楼道的房门上，效果正好相反，情调自然也完全不同了。

旧时小四合院，除各种门帘而外，有的夏天还挂苇帘子，以挡阳光照晒，太阳毒的时候放下，等太阳落山或阴天时卷起。这都是为了省钱，不搭天棚，采取的比较简易的办法。不过也很实用。尤其是东西房窗外，夏天有个苇帘子放下来，也足以稍障日晒之苦了。

四合院"配件"，除帘子之外，还有非常重要的，那就是重要纸制品——由顶棚到窗户纸了。这些时至今日，固然大多数已由"灰顶"和玻璃窗所代替，但在残存的一些破旧的四合院中，纸顶棚、纸窗，仍然触目可见。当然，这行手艺已日渐凋零，远不如过去艺美了。但似乎还未绝迹……至于将来，那也必然要完全消失了。

自然，如从四合院的历史上说，这"配件"是十分重要，也是十分精美，曾一再被名家赞赏过的。李越缦在《孟学斋日记》中就称赞都中"裱房"为"三便"之一，"芦席棚"为"三可爱"之一。

"裱房"就包括"糊顶棚"、"糊墙"、"糊窗户"。"顶棚"就是屋顶上面"天花板"、"仰尘",考究的用木架子钉木板,或用纸裱糊。而一般四合院的顶棚,则都是用高粱杆作架子,外面糊纸。如果简单想象,高粱杆一折就断,一张纸一戳就破,怎么能糊顶棚呢?但实际并非如此,材料可以加固,技术更有专精,加固后的材料和精湛的裱糊技术,自然可以裱糊出平滑如镜的顶棚了。这种技术自明清以来一直沿用。清代不少书中都记载过。清初柴桑《燕京杂记》云:

> 京师房舍,墙壁窗牖,俱以白纸裱之。屋之上以高粱秸为架,秸倒系于桁桷,以纸糊其下,谓之"顶棚"。不善裱者,辄有绉纹,京师裱糊匠甚属巧妙,平直光滑,仰视如板壁横悬。

柴桑是康熙时人。乾隆时沈赤然《寒夜丛谈》记云:

> 屋中承尘及间断房屋,皆以苇秸缚方格,而表纸于外,以为观瞻。然苇秸不受面糊,又必先以残废字纸,逐条裹束,后以白纸蒙之,始熨贴牢著。

这两段文献,既说了裱顶棚的技艺,又说了加固材料的方法。即用高粱秸扎架子(沈赤然所说"苇秸",不确。都是用高粱秸,高粱秸较粗,不易折断,长约五尺,整齐耐用),这些高粱秸都是裱糊匠平时处理好的。先把残叶剥去,两头切齐,用寸许宽的旧账纸条,刷上糨糊,把高粱秸缠上,等到干后,变成白色长杆,轻而便于使用。扎架时,表面不滑,易于捆扎。糊上纸,架子与纸粘的很牢。裱糊时，先裱一层旧账纸，等待干后，再裱一层刷好大白粉的纸。如此则平整如鼓皮，洁白如抹灰刷粉了。

裱糊时，一律把纸成刀反着放在案上，先刷糨糊。糨糊用面粉下脚加明矾加水上火调熟，熟时很稠，用时加热调稀。刷糨糊时平刷，全部刷到，一人刷，一人裱，刷者刷好，轻提两角，递与裱者，裱者先仰贴两角，然后用小帚很快摊平，便贴于顶上了。依次再贴第二张，一张接一张，贴到接口处，新贴者压住旧贴之边二分余，一张压一张，更可增加牢度。

这种裱糊顶棚用的纸，在北京俗名"大白纸"，是在尺许见方的白麻纸上先刷一层"大白"，即房山一带出产的一种白粘土。一般"大白纸"，都是不泛光的白色，也有刷成泛光花纹的，如祥云、瓦当、寿字等花样，有如白色提花府绸之花纹，宫廷中、考究人家间或用之。一般则都用普通大白纸。糊顶棚要两层，如书画之裱褙。糊墙则只一层，也如现代之贴墙纸。裱糊匠裱糊一间房屋，由顶棚到墙壁窗棂、窗户，全部裱好，叫做"四白到底"，这是旧时北京裱糊房屋的绝技，是任何四合院少不了的。

今天虽然不少古老的四合院经修缮改建之后，已作灰顶，装了玻璃窗，而仍然有极少数纸顶棚的，想来"四白到底"的绝技，虽说已到了不绝如缕的时刻，总还未完全失传吧。相比之下，四合院的另一重要配件——天棚，在今天就完全没有了。

"天棚、鱼缸、石榴树，老爷、肥狗、胖丫头。"这是本世纪前，北京流传的两句谚语，讽刺的是小官僚的生活场景，前一句写居住环境，后一句写场景成员。其居住环境自然是四合院，而点缀四合院的首先就提到了"天棚"，可见其重要性了。

"天棚"是用杉槁、竹竿、芦席、麻绳搭起来的遮凉篷。杉槁作立柱、帮柱（斜撑立柱的杉槁）、横梁，竹竿扎横架，铺芦席、麻绳,细的捆绑天棚架,穿扎芦席,粗的作为拉绳,天棚顶上的席子,可以卷起,也可摊平,太阳来了,摊平,以挡烈日;太阳过去,卷起,以见蓝天,以透光亮。可启,可阖,全仗拉绳拉来拉去。

北京搭天棚是专门行当,手艺人叫"棚匠",专门经营这行营生的商号叫"棚铺"。是很大的生意。"棚铺"生意,主要两项,搭喜庆婚丧的棚,叫"彩棚",可以把院子搭上棚,变为室内,成为喜堂、寿堂、灵堂,以行礼宴客,等等。这些与本文关系不大,可略去不谈。另一项是"天棚",是夏天防暑、降温的事项,一般四合院,都要搭的。端午前后,棚铺来搭,到了中秋前后,棚铺派人来拆去,一共收多少钱。十分方便。

搭天棚也是京师的绝技,这是和四合院不可分的。震钧《天咫偶闻》中所记"京师有三种手艺为外方所无"中第一项就是"搭天棚"。其特征有三:一是平地立木,不论高低和坎坷,扎成多少丈高的架子,四平八稳,极为结实,符合结构力学原理,柱子极少,大风绝对吹不倒。二是顶棚四周都高出屋檐四五尺至一丈以上,不惟棚下通风好,十分凉爽,而且伏天雷阵雨时,狂风得以通过,不会吹倒天棚。三是天棚顶及四周斜檐,席子都可舒卷。像纸糊的卷窗一样,随时可以用拴好的活络绳子摊开、卷起。清初诗人朱彝尊,有一首写"天棚"的诗,十分有趣。诗云:

平铺一片席,高出四边墙。
雨似撑船听,风疑露顶凉。
片阴停卓午,仄景入斜阳。
忽忆临溪宅,松毛透屋香。

这把北京古老的四合院天棚的情趣,和江南的船篷下听雨、山溪边临风联想在一起了。

　　天棚，在几百年中，也的确是四合院的重要配件。但近若干年中，已经逐渐消失，彻底消失了。

　　在老年间，北京四合院居民，不少人家还睡炕。这炕是泥瓦匠砌的，似乎房屋原有的部分，但不要可以随时拆去；如果原来没有，也可以找泥瓦匠新砌，也叫"盘"。这样也可以算作四合院的"配件"部分了。在《红楼梦》中，不少地方就写到炕，这在江南是绝对没有的。五十多年前，北京有炕的四合院，睡炕的人家还不少，后来逐渐为床所代替。炕是同房子连在一起的，床则是可以搬来搬去的家具，四合院有，宿舍楼房也有，自然不能说成是四合院的配件了。

　　以上说的各种门帘、天棚、炕，等等，因为在过去四合院中，如果不是空房子，而要住人，就少不了这些"配套"的东西，如果住新式楼房，就不需要这些东西配套，因之我把这些东西叫做四合院的"配件"。

　　除此之外，还有走廊柱子上挂的抱柱，也就是木制对联，院子里摆的木制插屏，各种匾额，等等，这些可有可无，有的有，有的无，虽然也和四合院的建筑形式搭配在一起，但却无必要硬说它是四合院的配件了。不过说来说去，"配件"也都是古老的玩艺儿。今后，纵然还有残存的四合院，"配件"也都是新式的，老"配件"也没有必要存在了。

四合院施工

我不是学建筑的,对于四合院施工,可以说是一个十足的门外汉。现在来写这个题目,是很不相称的。只能说一点点皮毛,而且难免要说外行话,似乎是不懂装懂,这点不敢请古建筑专家,如好友陈从周教授、杨乃济工程师等位原谅,而只求他们多多指教。

我谈四合院施工的条件:一是从小生活在四合院这样的环境里,起居坐卧于是。小时在故乡居住,祖宅有两个院子都是新盖不久,旧房又要修缮。泥瓦匠、木匠春夏两季,常来施工。而且祖宅的房子,因为先人在清末内阁做小京官,羡慕京派房屋格局,因而在乡间盖房,也完全按照北京的四合院格局盖的。因此关上大门在院子里,在屋里,与后来住在北京基本上是一样的,无差异之感。我不敢引圣人作比,但的确儿童的心理是一样的。也像孟子喜为"墓间"、"贾人炫卖"之事一样,我看见泥瓦匠师傅、木匠师傅干活,常常看得入了神,自己在院子和泥捏小房子,用砖搭小房子,无形中观察到了不少零星四合院施工知识。二是读过一些杂书,从这些杂书中获得了一些四合院施工的常识,实际也是眷恋童年的梦,对杂书中这些常识,有一些特殊的爱好。三是在艰难的生活道路上,在"饥来驱我去,不知欲何之",不能选择职业的情况下,我的确当过四合院施工的管事,替私人管过,也替公家管过。在经管四合院施工的实践过程中,我和营造厂的头儿打交道,和各式工匠、师傅打交道,每天在工地上转。

而且如何做，一般都是我提出要求，然后再按要求看施工情况，检查质量。这样也积累了一些经验。因为有此三项条件，我可以闲聊聊四合院的施工。但这不是专门家谈技术，而是一个京华游子说往事。

四十年前，我受一个私人的委托，替他修建一所破旧的大四合。房子在东四北一条大胡同中，这条胡同，基本上都是大四合，有的还不只一进院子，而是几个院子的大宅门。但这所却是最破的，不过最早的规模也很可观，因为这是前面的院子，后面还有院子，而且有后门，通后胡同。当时的主人自是住着祖产，但家已式微，生计困难，年久失修，残破不堪，也无力重建，便把前院卖了。自己留后院住。房子少，但有一溜大北房，很受住。前院面积大，够格局，但必须大修，才能住人。

破到什么情况呢？大门残破，不但油漆已剥落，而且门板也有洞了。顶上瓦已残破，已露了泥，接房时在冬日，野草根根，颤抖在寒风中，同鲁迅先生文章中写的一样。院里房屋长久无人住，门墙已不全。墙头有的整批碎砖已经塌下来，露出柱子，房里的墙都已有雨水浸痕，院中引路砖残破磨损，已无一块整的。垂花门的屏风门也早已没有了。只是房架比较周正，木料较好，大都是黄松的。北京冬日寒冷干燥，木建筑不长白蚁，不会蛀蚀，这点较好。房子的年龄，估计是光绪年间的，起码有五六十年没有修理过了。只看两扇残破的大门，可以想见已超过房主人祖辈的年龄，起码是曾祖辈的老产业了。

施工的要求，是里外见新，像一座新盖标准大四合一样。这样大门要翻盖，东西南北屋房顶要重新盖瓦，马头墙要重砌，各屋后墙、山墙，里外都要重抹灰。所有的残破老式装修，如格扇等，要改为半西式玻璃窗、玻璃门。屋里地上原有陈年破碎的墁地方砖,都要改铺水泥花砖。当年启新洋灰公司的花砖是俏货,不少四合院见新都用它铺地坪。现在它已是时代的落伍者了。

因为这是一个有富裕地皮的破院,原是大宅门的一个院子,因而在东西房后墙外都有通向后院的更道,有五尺宽的一长溜隙地,从北屋耳房山墙外,一直顶到南屋耳房山墙外,顶到胡同。出卖产业时,原房主与买方商妥,东房后面的更道,归原主,作为另开街门,通向后院的通道,西屋后面的更道归买方。这样这个院子在西面就多出一长条地皮。在改建时,如何利用呢,把它分成几段。

由于西面宽、东西窄,这样三正两耳五间北屋,西面平房山墙外多出半间,便盖成灰棚,有门通向耳房,做出一个很宽敞的新式卫生间,恭桶、浴缸俱全。西北角月亮门里小院宽出半间,便显得宽了不少。十分幽静。东北角北屋耳房便向南延展,与东房山墙连接,成一很大暗间,这样由北屋不经院子可以走到东屋。而东北角与西北对称的花墙、月亮门照装,站在院中一看,使人以为门中仍旧有耳房小院。

在西房后墙外的一长溜空地,全宽成灰棚,南向、北向各开一门,中间用墙隔断,上面各开一天窗,南向门通外院,作厕所,北向门一间,作厨房。临胡同南耳房边隙地,盖成同耳房一边脊的瓦房,向胡同开车门,车库可以大一些。这些后来都一一建成了。我感到很愉快,虽然不是我的房子,但是照我的设想建造的,满足了我的幻想的实现。这当然是最起码的,但世界上古往今来一切大小艺事成就的个人情趣,不都是在这一点吗?

承包这一工程的是一个瓦木作头儿。他并没有营造厂的字号,更不是什么建筑公司。他只是个人承包,有能力备料,也有能力组织各种人工。手续是他先看了工程,估了价,然后开具详细施工合同,每种工种的明细要求都写得很细,承包人要找两家殷实的大商号作铺保,在合同上盖上铺保水印,由甲方先去对保,商号当家承认承担一切责任,盖了对保章之后,合同生效。如在施工中,一切不照合同、偷工减料、延误工期,甚至拐款潜逃,等等,铺保均负赔偿损失责任。在法律上生效。不过这次承包人在工程中吃了不少亏。就是承包工程时,正值金元券贬值之际,一切材料,上午、下午都差别很大,上涨不少。立合同时,虽然以黄金计算。但是领款时,还是按时价折合开支票,开工之初,先过七成款。而这七成款在一天之内,不能把材料买齐。这样稍拖几天,便要损失很多。因之承包人要把按全价折合领到的现金纸币,来不及买建筑材料部分,先买了银元,然后再陆续以银元买砖瓦、木料、水泥等,劳心费力,十分紧张,比不得在物价稳定时期,可以全力注意工程。

在施工上,破房子翻新,比盖新房子还麻烦。也正像裁缝师傅改旧衣服远没有用新料成衣省事。旧房子翻建,先要拆除,多一番手脚,因此包工者并不乐意包改建工程。当然,生意冷落有利可图时,还是要包的。

新盖四合院,其工序大体是这样:清理基地,用石灰粉画房基线,挖房基,打夯,把房基筑实,用水平、罗盘等古老仪器,测地平。码磉,就是放柱脚石,然后立柱、上梁、架檩、铺椽。与此同时,瓦工煮石灰、和泥、垒墙。房架子全部竖好,墙也垒好,然后飞瓦、铺瓦。最后安门窗。室内抹灰、粉刷、糊顶棚、糊墙,室外墁院子,油漆门窗。最后各项工作全部做完,便清除垃圾,打扫清洁,新房子落成,便可乔迁志喜,温居宴客饮酒了。这是新盖四合院的简单过程。

翻修改建四合院,情况就两样了。先是拆。拆房由屋顶拆起，先"流瓦"，即用两根光滑杉槁，斜竖在屋檐口，拆房的人，有两三个到房顶上，顺房脊把房瓦层层掀起，搬到檐口，顺杉槁滑下，下面有人再接住，一一码好。房顶瓦片全部拆光，露出瓦下泥皮，即泥皮下的椽缝上铺的芦席或苇箔，都是年代久远的玩艺，一捅就碎，全部铲落下来，露出椽子为止。这叫做"把房顶挑了"。然后再把破旧门窗全部拆除，把房中拆顶、拆窗时落下的烂泥皮、破席片都出清，把铺地的多年已践踏残破的地砖也掘出来……总之，要把房架子，即柱子、房梁、檩等大木都显露出来为止。拆的工作，到此停下来。后墙、山墙如虽残破，但未倒塌，均不拆。

房架子露出来之后，先要检查房架子、梁、柱，等等，哪一根大木坏了，要抽换；哪一根尚可用，但要加固，便加固。更重要的是，要把整个房架，年久脱榫歪斜之处扶正、加固。把房架子扶正，这是四合院翻建时的一项极为重要的工作，要极有经验的木匠老师傅指挥，由一般木工和小工施工操作。老房年久失修，房架倾斜是多方面的，必须把倾斜原因部位找准确，俗话说"抽梁换柱"，在现代钢筋混凝土的建筑中办不到，在中国老式木建筑中，翻修旧房是完全办得到。房架子大木结构，一般都是"榫子活"，一块接一块，一根接一根。可装可卸，松动的地方，加个楔子，便可固定。一根柱子陷下去了，顶起来，下面垫一下，又可升高。柱子半节糟了，锯去换半截，接在一起，垂直吃力，立木支千斤，完全可以。但大梁断裂，却不能换半段，因是横向吃力，不能接，所以要用好木料，大木料，房屋越进深，梁的跨度越大，荷重越大，要求梁的材料越好。所以古语以之喻人，叫做"栋梁之材"。四合院好木料，常用的是黄松。有什么楠木柱，等等，那是府邸建筑中用的材料，一般人家是少用的。买旧房子，墙倒屋歪,都不要紧,只要木料好就可以。

盖新四合院,备料首先也是备大木材料,梁、檩、柱都不能将就。新房子,房架竖好,上了梁,等于完成了一半。过去盖房,上梁是当作喜事来办的。这天要挂红,放鞭炮,摆酒宴请工匠师傅,宴请客人,亲朋好友要来送礼。古代还要写上梁文、上梁祝词。古人文集中不乏上梁文的名作,文天祥《文山先生全集》卷十二就载有《山中堂屋上梁文》、《山中厅屋上梁文》二篇,全文稍长,未便全引,不妨稍引几句,以见中华传统文化之精髓。虽是具体施工事务,却与文学艺术有密切关联,这就是中国旧文人常说的"雅"和"书卷气"吧。闲话少说,下面摘引《山中堂屋上梁文》首尾部分:

戴符寻隐,久矣买山;潘岳奉亲,昉兹筑室。未说胸中之全屋,姑营面北之一堂……今日幽居,便可号为秘书外监;他年全宅,亦无华于昌黎先生。小住郓斤,齐听巴唱:

东 红日照我茅屋东,绕尽湖阴桥上看,世间无水不流东。

南 说与山人住水南,江上梅花都自好,莫分枝北与枝南。

西 堤东千顷到堤西,往来各任行人意,湖水东流江水西。

北 浊酒一杯北窗北,白云来去总何心,或在山南或山北。

上 莫道青山在屋上,青山一叠又青山,有钱连屋青山上。

下 试看流水在屋下,他时戏彩画堂前,福禄来崇更来下。

伏愿上梁之后,千山欢喜,万竹平安。举寿觞,和慈颜,
儿童稚齿,昆弟斑白;濯清泉,坐茂木,虎豹远迹,蛟龙遁藏。
阴阳调而风雨时,神祇安而祖考乐。一新门户,永镇江山。

文天祥家在江西庐陵文山,自然不是北京式的四合院。不
过,也同样是中国式的木建筑。而且北京四合院同样也把上梁
视为建屋重典,在这点上,南北风尚是一样的。

因为说到房架子,所以插入一小段上梁文的介绍,虽然稍嫌
枝蔓,但还离题未远。而且我预先声明是闲说旧事,随笔谈往。
插入些闲话,亦无伤大雅。下面继续说翻修四合院的施工情况。

新房上梁,是完成了一半;旧房翻建,把房架子扶正,加固,
也是完成了一半。以下就是瓦工砌墙、修墙、扶墙、盖瓦、墁地
等,木工房架子扶正、加固后,就是做新门窗。

瓦工的活,先有准备工作,就是煮灰、浸砖、磨砖、和泥。俗
话叫做"泥水活"。这活计首先离不开水。现在城市中盖几十层
的大洋楼,也都用自来水。而在那时,任何营造工程,都没有用
自来水的。在施工合同上,写得清楚:"就地取水。"就是在施工
地点,现打井汲水使用。北京土层不厚,一般挖下去丈余深就见
水了。有了水,方可煮灰、浸砖、和泥。

工程一开始,先要挖灰池煮灰,石灰不能现浸现用,生石灰
倒入灰池加水,再过滤之后,才能用。用灰分白灰,加烟子青灰,
加黄土和泥插灰泥,加麻刀、麦秸、纸筋为麻刀灰、"麦秸灰"、
"纸筋灰",等等,各有各的用处。如砌磨砖墙,都用白灰。碎砖
墙、墙的里批砖,便用插灰泥砌。青灰抹墙、刷瓦,使新屋蓝阴
阴,十分好看。麻刀灰、麦秸灰、纸筋灰抹里墙,要抹光。加麻

刀、麦秸、纸筋是为了加强墙皮表面张力。麻刀就是把烂麻绳斩短，弄乱，和在泥中，能拉牢泥皮。麦秸最粗、最次，乡下泥房常用。纸筋较细。北京盖房最常用是麻刀。旧时代，没有水泥，晚近才多了这一建筑宝物。北京老人叫它作"洋石灰"，简称"洋灰"，现在还有人这样叫。我替人管翻建四合院工程时，自然早已有了水泥。但当时价钱很贵，所以使用很少。只是南屋临街后墙，四周框子整砖所砌，中间碎砖心子。这碎砖心子，照过去做法，砌好后，外面抹一层插灰泥墙皮，颜色白黄难看，便再用青灰水刷一遍，如现在建筑，外墙表面用涂料。但插灰泥墙皮，牢度较差。因而在整修这所房子时，改用洋灰黄沙抹。并不抹光，而抹作高低不平状，谓之"核桃灰"。另有一种用极稀水泥浆抹表面，然后用泥抹(抹墙工具)平压在上面，再轻轻一提，使表面出现皱纹，谓之"拔毛灰"。这些都为了加强牢度。

砌墙、抹墙、盖瓦等等泥水活，全要和泥，各种泥在施工过程中，都要送到各位师傅的手边，现在施工用泥斗。而过去北京盖四合院，却用一种特殊的工具，一块很厚的一尺多见方的土布，四角有绳，一大锹泥放在当中，用绳兜起一提，正好一兜。砌墙、盖瓦小工均用此物，穿梭般地运送各种灰泥，如在房顶用，便用滑车吊上去。翻修房拆顶时，有不少杂土，用筛子筛过，还可以用。另加新黄土、加石灰，可和插灰泥使用。工地上，装泥的布兜使用很多，就叫"兜子"。

翻建的这所房屋，拆顶时，先流瓦，等到房架扶正，外墙勾抹好，马头墙用新的磨砖修补好，房顶椽子能用的留下，须换的换过，椽子上换上新席、新苇箔，再上面，就要盖瓦了。北京四合院房顶盖瓦前，先抹一层石灰泥，然后再把拆下来的旧瓦，三块或两块一撮扔上房去，这叫做"飞瓦"。师傅在上面檐口接，小力把

（即"小工"土语）在下面扔，扔时要悠着劲儿扔，正好扔在檐口上面三四尺高的地方，上面的人正好接着。房顶瓦全部铺好，瓦垄、房脊、全部勾抹好，起码要保证靠十年中不漏才行。瓦上再刷上青灰，看上去一色新，这时从外表看，原来几间"东倒西歪屋"，已变成簇新大瓦房了。

外面见了新，屋里如何办呢？北京四合院老房子，房屋墙头根脚反潮生碱，是极普通的现象，这样的老墙，在房间里面看上去，都是大片大片水迹，像大花脸一样。即使铲去原有墙皮，再抹上新石灰，刷上新大白墙粉，也压不住，过不久还要泛出来，因为里面的砖都反潮起碱了。自然，如果翻修时，把各屋后墙山墙全部拆除，再用新砖重砌，自然最好，但这又不经济。如何办呢？既要翻建后墙壁一新，又要省工省料，北京的瓦匠头，想出极妙的办法："穿道袍"或者叫"穿白大褂"。屋里三面原来的破旧墙头，根本不动。只是插好木楔，再钉上木条，木条外面钉上苇帘子，把几面墙全用苇帘子围上，先抹一层麻刀粗灰，再抹一层细灰，这样几面墙壁就平滑如镜了。待所抹石灰干后，或刷墙粉，或用大白纸糊，都十分漂亮，像新砌的墙头一样，把破旧的反潮起碱的墙都遮盖起来了。而且这样做法，等于在老墙外表，立个屏风，与老墙表面有寸许的间断，潮气过不来。再有苇帘子上抹灰，咬得很紧，有相当牢度。是老式建筑物中的"轻型材料"。北京四合院房子打隔断，即一大间隔成两小间，也常常用它。中间钉木龙骨，两面钉苇帘子抹白灰，可以做出很漂亮的"空心墙"。二十几年前，在吴淞口外长兴岛劳动，见当地老乡屋舍墙壁，全是用芦苇编的，十分实用。北京虽然地处北方，但芦苇也不缺，不但白洋淀近在咫尺，即城外护城河、城里南下洼子一带，也产不少芦苇。叫"苇子坑"的地名就有好几处。所以北京四合院用芦苇作材料,取材十分方便。

屋中旧墙见新之后,四壁雪白,已经应了归有光《项脊轩志》说的"屋始洞然",十分漂亮了。但是还没有完,还有屋顶呢。江南老式房屋,即使很考究的第宅,也很少做天花板或仰尘的。北京四合院则不然,即使一般房屋,屋顶也不露椽子。在三角形的屋顶下,必要糊上顶棚,仰视雪白平整。再高级的,当然是做天花板了。西方建筑工艺影响之后,四合院房屋,最普遍的是吸取了西方建筑做室内屋顶的做法,不用纸糊,而抹石灰,叫做"灰顶"。纸糊顶棚不是瓦木泥水匠的活计,已在《四合院配件》中说过。而做灰顶,则是泥水匠的活。我主持见新的这所四合院,就全部做了灰顶。

做灰顶也是先在房顶齐檐处,顶上木架子做"龙骨",西方做法,在木龙骨上斜顶"人"字形板条,板条之间,有半寸空隙,抹灰时可以把顶咬住,不致大片脱落。但木板条表面毕竟较光滑,这种顶棚,年代稍久,极易大片脱落。北京则用苇帘子钉在顶上,十分适用,间隙小,且系不规则形,抹上麻刀灰之后,咬灰甚牢,虽经多年,亦不大会大片脱落。墙壁做好,顶棚做好,房中泥水活就完了。剩下的是油漆、粉刷活,装玻璃、配锁活,电灯水暖活,这些则不管是不是四合院,都要做,在此也就不必多介绍了。

末了再说一下基础工程,现在盖大楼,首先要破土打桩,这是做基础。盖四合院也一样,也要先做基础,就是平整基地,画线,挖掘墙基,砸夯,或叫"打夯"。然后安放柱基石。我第一次主持的四合院工程,因系翻造修建,没有什么基础工程。但从四合院施工总的步骤来说,基础工程是十分重要的,也是非说不可的。这里不妨作一个文抄公,引用点现成的资料。清道光时宝坻县人李光庭《乡言解颐》卷四,有《造屋十事》篇,把基础工程

"打夯"、"测平"列为"十事"之首,现全文引在下面,亦可保存有关四合院之民俗史料。文如下:

打 夯

夯者,人用力以坚举物也。本上声,多读为平声。担夯用肩,举夯用手。其物以坚木为之,约高五尺,围圆上四寸,下八寸。上实五寸以下凿空二尺,留四柱以容手。下实二尺六寸,沿边安铁环以系绳。四人一手握柱,一手提绳,以筑地脚,以一步土至三四步土为率。故夯歌云:"一步土,两步土,步步登高卿相府。打好夯,盖好房,房房俱出状元郎。"

不识谋居者,惟疑杵臼声。作歌谐壤击,合耦像犁耕。手任分高下,心须审重轻。初基期巩固,大力筑坚平。

测 平

测平之法,于地基四隅累小墙,中置三尺锥。锥入地,上有小笋,安长二尺余木槽,可以随隅转移。约宽二寸,以容水,两头浮木鸭,谓之水平。一匠持尺墨于隅墙,一匠于水平旁斜倚木杖,只眼视鸭。覆其手,则持尺之匠移下;翻其手,则持尺之匠移上。与鸭平则挥手,而持尺之匠以墨尺画墙为准,以三隅反而地基平矣。

庭未开三径,基先奠四维。断鳌难测海,浮鸭好为池。远视眸微眈,端详体忽欹。低昂须着眼,余手覆翻时。

"十事"除前二事外,其他八事为"煮灰"、"码磜"(即安柱脚石)、"上梁"、"垒墙"、"盛泥"、"飞瓦"、"安门"、"打炕"。每事在文字介绍之后,必附一诗,五言四韵,殊不足观。但我在引文中，全部照录，以存其真，避免欺骗读者之嫌。平日看书，遇有引文资料，等等，最怕某些作者、编者，把所引原文省掉，留下"……"或"□□"，甚至什么也不留，每看到这种地方，实在有气，感到是既欺侮引文原作者，又任意欺骗读者。始作俑者，不知是谁，但已泛滥成灾，流毒甚广。在此稍作声明，已在正文之外，请读者原谅。当然，全文过长，只引几句者除外。

李光庭的文字，别开生面，保存了建筑四合院的施工资料，有关民俗，十分可喜。我是很爱看的，故稍作介绍。可能爱捧高头讲章或歌唱月亮也是美国的圆的种种人士，对此不屑一顾。但这也没有关系，说文话，叫"道不同不相为谋"；说俗语，叫"萝卜、青菜，各有所爱"了。

四合院花木

日历上是四月十二日，又是一年了。此话怎讲呢？因为想起了一桩旧事，一九八七年四月十二日俞平伯老师信中云：

十日曾访圣翁，海棠正开。七六年后一年一度，五老只存其三矣。

信中所说圣翁，是叶圣陶老先生；所说海棠，是叶老院中的海棠。信中写得很简单，却引起我不少遐想：似乎是在那安静的四合院中，弥漫着满院的春的气息，一树嫩红的花光，闪灼在日影中，静谧得只听见蜜蜂的声音，东西屋廊子上，因为院中较强的阳光照射，反而显得阴阴的。北屋廊上玻璃窗十分明亮，中间屋门敞开着，承受着满院春光，一位须眉皆白的老者，坐在室中沙发上，面对着院中花光……凝望着，似乎是在赏春，却是在注视着正面的垂花门。这时，门口车声，一会儿，有人从垂花门搀扶着一位身材不高的老人进来，刚刚走进二门，室中的老人已立了起来，爽朗地笑着，用苏白打着招呼道：

"慢慢交！当心……等交交关关辰光哉！"（慢一点！当心……等了您很久很久啦！）

这种情景，是我在三千里外想象的，一般说来，是八九不离十的。这时：这个小小的四合院中，花光、阳光、语声、笑声、日影、暖意……如果说京华十分春色，这里便要占去五分了。这就是北京四合院春天的情趣。如果没有一树盛开的海棠、榆叶梅、丁香……又如何能显示四合院中的无边春色呢？那白头看花的爽朗笑声,也不会在那小小的庭院廊檐下回荡了。

北京的四合院,也像世界其他各地文明幽雅的住宅一样,是很讲究绿化,也就是种植花草树木的。庭院的绿化,首先是种树。四合院种树,在位置上是进入二门里院引路两边,在左右对称的位置上各种一棵。如果再对着东西厢房的正门,划个十字,那么四个角上都可划作花池,各种一棵。但这种情况是比较少的,一般还是在北屋阶下,引路左右,各种一株。这左右两株花木,种相同的固然很好,种两样的也许更别致。贾宝玉的怡红院,不是就左右分植,一株海棠,一株芭蕉吗?这是很有诗意的设计,暗含红绿二字,所以有"怡红快绿"的匾。圣翁老先生的寓所,也是在北屋台阶下,左右各种一株花木,左面那一株是一株长势很好的海棠,花时一定是很烂漫的。右面那株是什么树,则我说不清了。因为我去时不是暑假,就是冬天,都非花时。去夏在左面树下照过像。右面一株,未仔细注意过,可能是丁香吧?记不清了。几十年中,没有在春花烂漫的时候回北京,对于那四合院中的海棠的嫩红、丁香的馥郁、榆叶梅的锦簇,偶一忆及,便像回忆初恋时的恋人一样,有多么深刻的眷恋之情呢?

六十多年前,鲁迅先生修理好八道湾的房子,便着手种花木。一九二○年四月十六日记云:"晚庭前植丁香二株。"丁香是丛生灌木,二十多年前去时,见这两株丁香长得极为葱茂,快把一面窗户全挡住了,花时芳溢庭院,是可以想象的。但是几次去也都非花时,只是看到绿荫荫的一片生意,把庭院点缀得更宜人了。我想院子中多种些花木,即使不开花,只看绿意也是很好的吧。鲁迅先生后来买了西三条的房子,又种了紫、白丁香各二,碧桃一,花椒、刺梅、榆叶梅各二。西三条的房子是小四合,院子很小,却种了这么些花木,那在春夏之季,小小的院落中,真可以说是花木扶疏,幽雅宜人了。

北京四合院中种花木,最爱种的是丁香。记得故乡祖宅跨院"小绿野轩"的窗下,一丛有二百年树龄的紫丁香,年年烂漫春花,蜂喧蝶闹。离开故园客居在北京之后,又久住苏园,二门里外及花园中,丁香也最多,所以我对丁香的感情也特别深厚。有一次一座标准四合院的盛开丁香,给我留下了终生难忘的美好记忆。那已是半世纪前的往事了。在春花盛开的日子我去找一个小同学,他家租人家一所标准四合院的五间南房居住。是路南的门,是栅栏门,开门一条引路,顶到南头,转过来是南屋,就是他家,窗下三四丛老丁香,开得正好,我和他在丁香花下坐着小板凳看小人书……情景真像昨天一样,但五十年已过去了,能不悲乎?

院中习惯栽种的,丁香之外,尚有海棠、榆叶梅、山桃花等等。因为气候的关系,不能种腊梅、红白、绿萼等梅花,玉兰也很少,好像只有颐和园有。松柏树是从来不种在院子中的。院中的树,最多是枣树,胡同名中,什么枣林大院、枣林前街,是数不胜数的。其次就是槐树,在夏天,那浓郁的槐荫中,一片潮水般的知了声,那真是四合院的仲夏夜之梦境啊!

老槐荫屋,冷布糊窗,一院清凉,满耳蝉唱,这是北京四合院中最宜人的夏景,这时躺在席子上一觉黑甜,真有羽化登仙之感。白云飘渺,嘉枣挂树,高入晴空,秋光无际。这是北京四合院中最寥廓的秋情,这时阶前闲眺,又不尽岁月催人之感。鲁迅先生的名文,"一棵是枣树,另一棵也是枣树",便是在这秋之庭院中因枣树而悟到的哲理。在夏天槐荫树下也许写不出,因为正是睡午觉的时候呀。

不过在四合院中种槐树、枣树,极少种在正院中心的,有谁看到一进垂花门,当院便是一棵大槐树,或是一棵大枣树呢？不能说"绝无",即使有,也是"仅有"的。一般都是种在正房或东西屋后面,或是大宅门宽大的外院中,种在房后,叫做"围房树",这是有讲究的。城里大四合院,营建之初,地皮一般宽大,在盖成标准大四合院之后,常常房前房后,有些隙地,或因面积所限,或因财力所限,不能再盖大院,便随意盖一溜房屋,叫做"围房",种些树木,首先是槐树,这是"三槐"、"槐棘"的意思,意是公卿大夫的树。所以北京大四合院后面槐树特别多。但不能种松树、白杨,"耆年宿德,但见松楸","白杨萧萧",这都是坟地上种的树,怎么能种到住宅中去呢？不过老槐也的确是好树,连冬天也很有诗意。郑板桥词中说的:"老树杈丫憾四壁,寒声正苦。"这说的是乡村田家情韵,但我在北京感觉是很深的。四十多年前,住在西城苏园后面围房中,屋后正是一大棵老槐,到了冬天夜间,西北风呼呼吹着,震天动地,似乎要连屋子都吹跑了。

绿化除去树木之外,还有花草;除去地上栽种而外,还有盆栽、水养,这些在四合院中,都是十分讲究的。清代有两句形容小京官家庭生活的话道:"天棚、鱼缸、石榴树,老爷、肥狗、胖丫头。"这石榴树和鱼缸,都是和四合院绿化有关系的。四合院的盆栽花木,最常见的木本就是石榴树和夹竹桃,石榴有"多子"之兆,所以种石榴的也特别多,养得好,可以长到五六尺高,不惟五月点景,着花欲燃,而且能结很大的石榴果,夏秋之季,累累坠树,也是很好玩的。不过大棵的不能种在小盆中,要种在很大的木桶中,不能在院子里过冬,冬天要抬到屋中去,屋子小,就不能养这样大株的花木了。除了石榴之外,也可以种金桂、银桂、杜鹃、栀子等大型盆栽。江南这些都能种在户外,桂花都能长成很大的树,在北京则限于气候条件,本来能长成大树的,也只能盆栽了。盆中长不成大树,这似乎也是哲理。

盆中还可以种水生的植物,也可以点缀院中风景。京韵大鼓唱《大西厢》,有几句形容西厢的词儿道:

人人都说西厢好,果然幽雅非比寻常,清水的门楼安着吻兽,上马石、下马石列两旁,影壁前头爬山虎,影壁后头养鱼缸,慈菇水里长,荷花开茂盛半阴半阳。红的是石榴花,白的玉簪棍儿;蓝的是翠雀儿,绿的本是夜来香……

这种似通非通的鼓子词,写得倒真有一点土情趣的味儿,似乎比那种专印精美诗集的大诗人们所写的什么"啊——美丽的花朵呀"更有些生命力。因为前者尚有些听众,而后者除去中学生购买而外,就是卖给废品收购站了。乾嘉时朝鲜词人柳得恭记琉璃厂聚瀛堂小院云:

聚瀛堂特潇洒,书籍又富,广庭起簟棚……月季花数盆烂开,初夏天气甚热,余日雇车至聚瀛堂散闷,卸笠据椅而坐,随意抽书看之,甚乐也。

《大西厢》的鼓词和异国词人的小记,都写出了四合院盆花的情趣,都是很好的文字。这种清新的花木气息和情致,是住在装有空气调节设备的楼宇中领略不到的。至于另外阶前花圃中的草茉莉、凤仙花(北京俗名指甲草)、牵藤引蔓的牵牛花(俗名喇叭花)、扁豆花,迎着阳光,带着露水,溢着香气,隔着竹帘,映入室中,这更是小四合院的家常美景,像小猫、小狗那样招人喜爱,不必细说了……

四合院消暑

　　在阳历六月份,北京照例比上海热,因北京是大陆性气候,上海则是江南气候,正是"黄梅时节家家雨"也。今年据说热得更厉害,与朋友们讲讪话,不免就谈到北京四合院夏天消暑降温的事来。觉得也是很有意思的。现在科学发达,有电风扇、冷气、电冰箱等等玩艺,当年老北京四合院这些玩艺儿全没有,而且也不需要,照样可以消暑降温,而且用比较自然的手段消暑降温,比用强大的电力制造低温,更适应人体的自然条件,更舒服,与人类身体各器官更有益处。俗话说"人体小天地",是不适宜长时期过分违反自然条件的。这是从卫生方面来谈,那老式四合院中的种种消暑降温手段,就更充满了诗意,令人神往不置了。

　　四合院消暑的方法是什么呢?简言之,就是冷布糊窗、竹帘映日、冰桶生凉、天棚荫屋,再加上冰盏声声,蝉鸣阵阵,午梦初回,闲情似水,这便是一首夏之歌了。且听我一一道来,先说冷布。

　　冷布糊窗,是不管大小四合院,不管贫家富户,最起码的消暑措施。冷布名布而非布,非纱而似纱。这是京南各县,用木机织的一种窗纱,单股细土纱,织成孔距约两三毫米大的纱布,再上绿色浆或本色浆,干后烫平,十分挺滑,用来当窗纱糊窗,比西式铁丝纱,以及近年的塑料尼龙纱,纱孔要大一倍多,因而极为透风爽朗。

老式四合院房屋窗户都是木制的,最考究的三层,最外护窗,就是块木板,可以卸下装上,冬春之交可挡寒风灰沙,不过一般院子没有。二是竖长方格交错成纹的窗户,夏天可以支或吊起。三是大方格窗,是夏天糊冷布及卷窗的,俗曰"纱屉子"。入夏之后,把外面或里面窗吊起,把纱屉子上的旧纸旧纱扯去,糊上碧绿的新冷布,雪白的东昌纸做的新卷窗,不但屋始洞然,而且空气畅通,清风徐来,爽朗宜人了。乾隆时前因居士《日下新讴》有风俗竹枝云:

庭院曦阳架席遮,卷窗冷布亮于纱;
曼声□(原缺)响殊堪听,向晚门前唤卖花。

这诗第一句说天棚,第二句便说冷布糊窗。诗后有小注云:"纸窗中间,亦必开空数棂,以通风气。另糊冷布以隔飞蝇。冷布之外仍加幅纸,纸端横施一挺,昼则卷起,夜则放下,名为'卷窗'。"注中冷布卷窗说的非常具体,了解一点北京四合院夏景的人,一看就明白,江南人就有些隔阂,至于住在高层楼宇公寓中的人就更难想象了。

糊冷布最便宜,因而一般贫寒人家也有力于此。只是冷布不坚固,一夏过后,到豆叶黄、秋风凉的时候,日晒、风吹、雨打,差不多也破了。好在价钱便宜,明年再糊新的。在窗户上糊冷布、糊卷窗的同时,房门上都要挂竹帘子了。竹帘子考究起来是无穷无尽的,"珠帘暮卷西山雨",穿珠为帘,固然珍贵,但一般琉璃珠帘,也值不了多少钱。倒是好的竹帘,十分高贵,如《红楼梦》中说的虾米须帘、湘妃竹帘,以及朱漆竹帘,等等,都是贵戚之家的用品。一般人家,挂一副细竹皮篾片帘子就很不错了。

隔着竹帘，闲望院中的日影、带露水的花木、雨中的撑伞人。晚间上灯之后，坐在黑黝黝的院中乘凉，望着室中灯下朦胧的人影，都是很有诗意的。北京人住惯四合院，喜爱竹帘子，去夏回京，见不少搬进高层楼宇中居住的人，也在房门口挂上竹帘子，只有这点传统的习惯，留下一点四合院的梦痕吧。

四合院消暑，搭个天棚是十分理想的。尤其是北京旧时天棚，工艺最巧妙，前在《四合院花木》一文中，引乾嘉时朝鲜诗人柳得恭的一段文字，文字就赞美过北京的天棚。不过搭天棚比较费钱，要有一定的经济条件才能办到。旧时形容北京四合院夏日风光的顺口溜道："天棚、鱼缸、石榴树，老爷、肥狗、胖丫头。"这在清代，起码也得是个七品小京官，或是一个粮店的大掌柜的才能办得到，一般人谈何容易呢？

搭天棚要用四种材料：好芦席、杉槁、小竹竿、粗细麻绳，这些东西不是搭天棚的人家买的，而是租赁的。北京过去有一种买卖，叫"棚铺"，东西南北城都有，是很大的生意。它们的营业范围，是两大项：一包搭红白喜事棚，结婚、办寿、大出丧，都要搭棚招待宾客；二是搭天棚，年年夏天的固定生意。它们备有许多芦席等生财，替主顾包搭天棚，包搭包拆，秋后算账。年年有固定的主顾，到时来搭、到时来拆，绝不会误卯，这是旧时北京生活中朴实、诚恳、方便的一例。

北京搭天棚的工人叫"棚匠"，是专门一行，心灵手巧，身体矫健，一手抱一根三丈长的杉槁，一手攀高，爬个十丈八丈不稀奇，可以说都是身怀绝技的把式，因而北京搭天棚，可以说是天下绝技。北京旧时搭天棚，上至皇宫内院，下到寻常百姓家（当然是有点财力的），都要搭。清末甲午海战后，李鸿章去日本订了屈辱的《马关条约》，换约正是农历四月末，已入夏季，那拉氏在颐和园传棚匠搭天棚,京中市间传一讽刺联云:"台湾省已归日本,乐寿堂传搭天棚。"这是一个有名的天棚掌故。故宫当年也搭天棚,道光《养正斋诗集》中就专有写宫中天棚的事。诗云:

> 清夏凉棚好,浑忘烈日烘。
> 名花罗砌下,斜荫幕堂东。
> 偶卷仍留露,凭高不碍风。
> 自无烦暑至,飒爽畅心中。
>
> 凌高神结构,平敞蔽清虚。
> 纳爽延高下,当炎任卷舒。
> 花香仍入户,日影勿侵除。
> 得荫宜趺坐,南风晚度徐。

诗并不好,但把天棚消暑的特征都说到了。不过这个人们还容易理解,因为是皇宫。而当年监狱中也要搭天棚,则是人们很难想到的。康雍时诗人查慎行因其弟文字狱案,投刑部狱,《敬业堂诗续集》中,有《诣狱集》一卷,有首五古《凉棚吟》,就是在刑部狱中感谢刑部主事为他系所搭天棚写的,有几句写搭天棚的话,不妨摘引,以见实况:

> 谓当设凉棚,雇值约五千。
> 展开积秽土,料节日用钱。
> 列木十数株,交加竹作椽。
> 芦帘与草簌,补缀绳寸联。
> 转盼结构成,轩豁开虫天。

这几句文词古奥，但说的都是实情。四合院搭天棚，能障烈日却又爽朗，一是高，一般院中天棚棚顶比北屋屋檐还要高出三四尺，所以障烈日而不挡好风；二是顶上席子是活的，可以下面用绳一抽卷起来，露出青天。在夏夜，坐在天棚下，把棚顶芦席卷起，眺望一下星斗，分外有神秘缥缈之感。

天棚不但四合院中可搭，高楼房同样可以搭，协和医院重檐飞起，夏天照样搭出四五层楼高的天棚，可张可阖，叹为观止，真有公输之巧。去夏到协和医院看望谢国桢师，见西门也搭着天棚，又矮又笨，十分简陋，对之不禁哑然失笑。看来北京搭天棚的技艺，今天的确已成为《广陵散》了。

与天棚同样重要的消暑工具，是冰桶。大四合院，大北屋，炎暑流金的盛夏，院里搭着大天棚，当地八仙桌前放着大冰桶，明亮的红色广漆和黄铜箍的大冰桶闪光耀眼，内中放上一大块冒着白气的亮晶晶的冰，便满室生凉，暑意全消矣。此即光绪时词人严缁生所谓"三钱买得水晶山"也。

小户人家，住在小四合院三间厢房中，搭不起天棚，也没有广漆大冰桶，怎么办呢？窗户糊上了新冷布，房门口挂上竹帘子，铺板上铺上凉席，房檐上挂个大苇帘子，太阳过来放下来，也凉阴阴的，桌上摆个大绿釉子瓦盆，买上一大块天然冰，冰上半小盆绿豆汤，所费都无几，休息的日子，下午一觉醒来，躺在铺上，蒙眬睡眼，听知了声，听胡同口的冰盏声，听卖西瓜的歌声……这一部四合院消夏乐章也可以抵得上香格里拉了。

除此之外，还有余韵。北京伏天雨水多，而且多是雷阵雨，下午西北天边风雷起，霎时间乌云滚滚黑漫漫。瓢泼大雨来了，打得屋瓦乱响，院中水花四溅……但一会儿工夫，雨过天晴，院中积水很快从阴沟流走了，满院飞舞着轻盈的蜻蜓，檐头瓦垄中还滴着水点,而东屋房脊上已一片蓝天,挂着美丽的虹了。

　　搬个小板凳,到院中坐坐,芭蕉叶有意无意地扇着,这时还有什么暑意呢? 自然也谈不到消了……

四合院的冬·春·秋

　　四合院之好,在于它有房子,有院子,有大门,有房门。关上大门,自成一统;走出房门,顶天立地;四顾环绕,中间舒展;廊槛曲折,有露有藏。而且不同于西方式的房子在中间,院子在四周的庭院,它是房子在四周,院子在中间,是封闭式的,它看不到外界,外界也看不到它。但主动权却在它,打开大门,便可走出;而不开大门,外人便不见其堂奥之美了。这似乎也和中国传统的闭关自守的思想有些关系。四合院之神髓,就在一个"合"字。是独立的合,自我的合,主动的合。是与人无憾,与世无争的"合"……如果条件好,几个四合院连在一起,那除去"合"之外,又多了一个"深"字,"庭院深深深几许"、"一场愁梦酒醒时,斜阳却照深深院"……这样纯中国式的诗境,其感人深处,是和古老的四合院式的建筑分不开的。

　　北京人叫"院子",南方人叫"天井",顾名思义,可见江南庭院之小,有如一"井",不由人会失笑,想起井底之蛙、坐井观天的成语。原因是北京四合院,四面房子低,中间院子大,四面房子不连着,有缺口。而江南房屋正好相反,房子厢房、正房连在一起,十分高矗,院子却很小,不能四周眺望,只能抬头仰望,看到一小片蓝天,形同坐井观天,所以名之曰"天井"了。这是十分形象的词语。

　　北京四合院好在其"合",贵在其"敞","合"便于保存自我的天地;"敞"则更容易观赏广阔的空间,视野更大,无坐井观天之弊。这样的居住条件,似乎也影响到居住者的素养气质。一方面是不干扰别人,自然也不愿别人干扰;二方面很敞快,较达观,不拘谨,较坦然,但也缺少竞争性,自然一般也不斤斤计较;三方面对自然界却很敏感,对岁时变化有深厚的情致。在另一文中已谈了"四合院消暑",其于夏事毕矣。其他就要说到春秋冬了。

在季节上排列,是春夏秋冬四季,夏已说过,其他按次序说,自然是春秋冬,但我为叙述方便,则将其颠倒过来,由冬说起,连着是春,跳过夏,再说秋,也还可以。不是有句名言吗?"冬天来了,春天还会远吗?"两句话的具体文字,可能有一二字出入,但是这点意思是一样的。对了,一句话,先说冬,四合院之冬是可爱的。

自从三十五年前离开北京后,虽然几乎每年都要回去一两趟,但大多是夏天,冬天很少回去。五六年前有一次旧历正月初七回北京开会,一出车站,风吹到脸上,就觉得有芒刺之感,刺,这正是朔风的味道。这次有幸住在一个很特殊的地方,府右街、太仆寺街里面,有一条很小的罗贤胡同,在这小胡同中,却有一所高墙西式大院,像城堡一样的大铁门,里面是一片桃林,环绕着一栋二层洋楼。据说这是约六十年前一个军阀盖的。盖了并未住,后来几易其主,于今则作了一所内部的招待所。四五十年前,故家卜居于西皇城根苏园,十二三年中,不知经过多少次罗贤胡同,看过这座冰冷的大铁门,想不到今天会住在这里,虽说只是几天的过客,却也感到十分有缘了。

我的房间在二层楼,朝北的窗户上,挂着厚厚的落地窗帘,白天也并不拉开,我也未注意,有一天中午,我随意拉开窗帘一看,忽然有了惊人的发现。原来咫尺之间,便是一个整齐的四合院。视线正对着北屋。三间没有廊子的大北屋,全部显现在我眼前。房子还相当老式,窗台上面的窗户,成"田"字形四大扇,上面并排两扇还是木格子和合窗,糊着雪白的东昌纸,下面是擦的雪亮的大玻璃,一截炉子铅皮烟囱从纸窗上面的一格中伸出,弯向檐上。偏东的一间,看的特别真切,望见明亮的玻璃里,临窗放着写字台,一盆水仙,叶子碧绿……我凝神地望着,一种暖意拍面而来,一种飘零的惆怅油然而起,我多么羡慕这个温暖的四合院、温暖的家呢!

四合院之冬,首先在于它充满了京华式的暖意。也许有人问,"暖意"还分"式"吗? 的确如此,同样暖意,情调不同,生活趣味也不同。据说欧洲有不少人家,在有水汀、空调的房间里,还照样要保存壁炉,生起炉火,望着熊熊的火焰,来思考人生,谈笑家常……更有超越于水汀、空调之外的特殊的暖意。

古老的四合院,房后面老槐树的枝丫残叶狼藉之后,冬来临了。赶早把窗户重新糊严实,把炉子装起来,把棉门帘子挂上,准备过冬了……天再一冷,炉子生起来,大太阳照着窗户,坐在炉子上的水壶噗噗地冒着热气,望着玻璃窗舒敞的院子,那样明洁,檐前麻雀咋咋地叫着,听着胡同中远远传来的叫卖声……这一小幅北京四合院的冬景,它所给你的温馨,是没有任何东西可以代替的。

四合院之冬围炉夜话,那情调足以使游子凝神,离人梦远,思妇唏嘘,白头坠泪。在狂风怒吼之夜,户外滴水成冰,四合院的小屋中,炉火正红,家人好友,围炉而坐,这时最好关了灯,打开炉口,让炉口的红光照在顶棚上成一个晕,这时来上二斤半空儿,边吃边谈,高谈阔论也好;不吃东西,伸开两手,烤火闲坐,絮絮私语也好;甚至凝视炉火,默不作声,静听窗外呼呼风声,坐上两三个钟头也好;——四十多年前,我就曾经留下过一个这样的梦:和一位异性好友,对着炉子默默地坐到十一二点钟,直到她突然说道:"哎呀,该封火了!"这时我才如梦方醒,向她说了声"对不起",告辞出来……如今这位好友,远在海峡那边,可能已有了白发了吧?

儿时扒在椅子上,一早看玻璃窗上的冰凌,是四合院之冬的另一种趣事。那一夜室中热气,凝聚在窗上的"图画",每天一个样,是山,是树,是云,是人,是奔跑的马,是飞翔的鸽子……不知是什么,也不管它是什么,每天好奇地看它,用手指画它,用舌头舔它,凉凉的,都是那么好玩。现在还有谁留下这样的记忆呢?……

早上爬起,撩起窗帘一看:啊,下雪了! 对面房的瓦垄上,突然一夜之间,一片晶莹的白色,厚厚的,似乎盖了几层最好的棉絮。满院也是厚敦敦的,白白的……在未踩第一个脚印之前,小小的院落是浑然一体,等到大人们起来,自然要扫雪了,先扫开一条路,或是扫在一起堆起来。如果有几个孩子,自然也要堆雪人了。

雪晨外眺,庭院银装,也许雪继续下着,也许雪霁天晴了。

鹅毛大雪,继续纷纷扬扬地下着,四合院的天空,一片铅灰色的冻云压住四檐,闪耀着点点晶莹雪花,在暖暖和和的房中,听着雪花洒在纸窗上的声音,是特殊的乐章。如果晴了,红日照在窗上,照在雪上,闪得人睁不开眼,那四合院是另一风光——但不要以为晴天比雪天暖和,"风前暖,雪后寒",这是北京老年人的口头语。那冷可真够呛,是干冷干冷的。

白雪装点了北京四合院,那风光、那情趣、那梦境……年年元旦前,收到一些祝贺圣诞、祝贺新年的画片,常见到大雪覆盖的圣诞小木屋的图景，却没有见过一幅雪中四合院的图画，常常为此而引起乡愁，引起惆怅。

冬至过了是腊八，四合院春的消息已经开始萌动了。过了二十三，离年剩七天……在腊尽春回之际，四合院中自然是别有一番风光了，最先是围绕着年的点缀。以半世纪前的具体时代来说吧：老式人家还要贴春联，而新式人家，或客居的半新式人家春联一般都免了。但都要打扫房，重新糊窗户。打扫房屋如果说成雅言叫"掸尘"，北京人说话讲究忌讳，大年下的，什么"打"呀、"扫"呀，说着不雅训，因而也总叫"掸尘"了。四合院屋里屋外，打扫得干干净净，首先给人以"万象一新"之感。

春节也就是北京四合院中人们说的过年，按由冬至算起的九九计之，一般常六九前后，已过三九严寒的高峰，渐渐回暖，四合院墙阴的积雪渐渐化了，檐前挂着的晶莹的檐溜，一滴一滴的水滴下来……虽然忙年的人们，无暇顾及四合院中气候的变化，但春的脚步一天天地更近了。

春节到了，拜年的人一进垂花门，北屋的人奶奶隔着窗户早已望见了，连忙一掀帘子出来迎接。簇新蓝布大褂，绣花缎子骆驼鞍棉鞋，鬓上插一朵红绒喜字，那身影从帘子边上一闪，那光芒已照满整个四合院，融化在一片乐声笑语中了……

不必多写，只这样一个特写镜头，就可以概括四合院新春之旎丽了。

北京春天多风，但上午的天气总是好的。暖日暄晴，春云浮荡，站在小小的四合院中，背抄着手，仰头眺望鸽子起盘，飞到东，看到东，飞到南，看到南……鸽群绕着四合院上空飞，一派葫芦声在晴空中响着，主人悠闲地四面看着，这是四合院春风中的一首散文诗。

丽日当窗,你在室中正埋头做着你的工作,听得窗根下面"嗡嗡……"地响着,是什么呢?谁家的孩子正在院子抖着从厂甸新买来的空竹。这又是四合院春风中的一首小诗。

可是就在这样明媚的春光中,中午前后,忽听的院子里"拍打"一声,什么东西一响,啊——起风了。这就是北京有名的大黄风,说刮就刮,忽然而起,四合院中的感觉也是最敏锐的。

"不刮春风地不开,不刮秋风籽不来。"北京的大风常常由正月里刮起,直刮到杨柳树发了芽,桃李树开了花。四合院中是不会栽杨柳树的,但桃树、李树可能有。而最好的则是丁香树、海棠树。这些点缀四合院春光的使者,在四合院花木中已说了不少,在此就不再赘述了。

春天之后是夏天,可是四合院夏景已在《四合院消暑》中说过了,所以可以跳过去不说,直接来到秋天。

秋会忽然而至,一丝凉风,一场好雨,便是秋了,四合院中秋的感觉,更为敏锐。

六七年前,夏天七八月间回京,常常住到旧历七月下旬再回江南,几乎像辛勤的候鸟一样,年年可以迎接燕山的新秋。其时在宣南还有一间小房,可以容身,虽是宿舍房子,但是平房,又是按四合院的格局盖的。中间院子,四周房子,自然不是一家一院,而是十七八家的大杂院。不过因为有院子,人们可以搬个小板凳在院中乘凉,也可以在窗前听雨,或坐在房中,隔着竹帘,望院中雨景……这样还多少有一些古老的四合院的情调。

有一年近中元节时,好雨初晴,金风乍到,精神为之一爽,忽然诗兴大发,写了下面这样一首诗:

炎暑几日蒸,一雨新凉乍。

劳人时梦远,听雨宣南夜。

朝来天似洗,清风盈庭厦。

隔帘两三花,牵牛娇如画。

散策陋巷行,幽思大可话。

街槐花犹香,墙枣已满挂。

居近南西门,胜地人曾写。

古寺龙爪槐,酒家余芳舍。

稍近枣花寺,千年过车马。

俯仰迹皆陈,于今如者寡。

东市起高楼,西巷余断瓦。

倚杖立苍茫,街景亦潇洒。

顾盼感流光,蝉鸣又一夏。

安得逢耦叟,相与说禾稼。

这就是在宣南四合院内外所感受的秋之诗情,这种境界,自己觉得很可爱,忍不住形诸咏唱,写了这首诗,寄给俞平伯夫子看。先生回信道:

奉手书并新著五言,得雨中幽趣,为欣。视我之闷居洋楼,不知风雨者,远胜矣。

从平伯夫子的信中,可以看到,从四合院中感觉到的季节情趣,在洋楼中是感觉不到的。老夫子现在虽然住在南沙沟高级洋房中,却也免不了要怀念老君堂的古老的四合院中的古槐书屋了。

秋之四合院,如从风俗故事上摄取美的镜头,那七月十五日似水的凉夜间,打着绰约的莲花灯的小姑娘,轻盈地在庭院中跳来跳去,唱着歌:"莲花灯、莲花灯,今天点了明天扔……"八月十五日夜间,月华高照,当院摆上"月宫码儿",月饼、瓜果,红烛高烧,焚香拜月,那就又是一种风光了。

如果用极少的词语为概括四合院的四时,我苦心孤诣地想了这样四组词语,就是冬情素淡而和暖,春梦混沌而明丽,夏景爽洁而幽远,秋心绚烂而雅韵。

秋之四合院,除去上述者外,还有它绚烂的色彩。几年前写过一篇小文,现引用在后面作为资料,就不必再写了。文的题目是《小院》:

　　造化给人们以光泽和色彩,是公平的。宫阙红墙,秋风黄叶,宫廷有宫廷的绚烂秋色,百姓家也有百姓家的朴实、淡雅的秋色。在那靠近城根一带,或南城南下洼子一带偏僻的小胡同中,多是低低的小三合院的房子。房子是简陋的,不是灰棚(圈板瓦,中间仍是青灰),便是"棋盘心"(四周平铺一圈板瓦,中间仍是青灰),很少有大瓦房,开一个很小的街门。这种小院的风格,同京外各县农村中的农户差不多,正所谓"此地在城如在野"了。

　　小院的主人如果是一位健壮的汉子,瓦匠、木匠、花把式、卖切糕的……省吃俭用,攒下几个钱,七拼八凑弄个小院,弄三间灰棚住,也很不错。一进院门,种棵歪脖子枣树;北房山墙上,种两颗老倭瓜;屋门前,种点喇叭花、指甲草、野菊花、草茉莉……总之,秋风一起,那可就热闹了,会把小院点缀得五光十色,那真是"秋色可观"了。早晨,在朝阳的照耀下，好看；宿雨初晴，在水珠闪耀着晶莹的光芒下，好看。门口的歪脖子枣树，也许姿态不佳，那色彩却实在喜人，翠绿的叶子间，挂满又红又绿的枣实，那真是惹人喜爱。再往房顶上看，几片大绿叶子，遮着几个朱红的、灰白泛青的、老黄的老倭瓜，在叶与瓜的中间，还留着三朵、两朵浅黄色的残花，其色彩之斑驳烂漫，更是住在高层公寓楼中的人，难以想象的。虽在帝京，也饶有田家风味。至于那些盛开的花花草草，喇叭花的紫花白边，指甲草的娇红带粉，野菊花的黄如金盏，草茉莉的白花红点，俗名叫做"抓破脸儿"，还有那"一架秋风扁豆花"的淡紫色的星星点点……这些都是开在夏尾，盛在秋初，点缀的陋巷人家，秋色如画了。

当然，再有精致一点的小院，这种院子不是北城的深宅大院，而大多在东西城及南城，"四破五"的南北屋，也就是四开间的面宽，盖成三正两耳的小五间，东西屋非常入，但是整个小院格局完整，建筑精细，甚至都是磨砖对缝的呢……砖墁院子，很整洁，不能乱种花草，不能乱拉南瓜藤，青瓦屋顶，整整齐齐，这个小院的秋色何呢？北屋阶下左右花池子中，种了两株铁梗海棠，满树嘉果，粒粒都是半绿半红，喜笑颜开。南屋屋檐下，几大盆玉簪，翠叶披离，似乎冒着油光，而雪白的花簪，更显其亭亭出尘。边上可能还有一两盆秋葵，淡黄的蝉翼般的花瓣，像是起舞的秋蝶……小院秋色也在迅速地变化着，待到那方格窗棂上的绿色冷布，换成雪白的东昌纸时，那已经是秋尽冬初了。

这些陋巷寒家或深巷小院的秋色，都足以引起异乡人的神思。几十年前，客居北京，租人家房子住，时时有被逼搬家的可能,因而也无经营花草的闲心。偶经陋巷,看见人家屋顶的朱红倭瓜,爬上墙头的牵牛花朵,伸出墙外的垂着朱红枣实的枣树杈丫,真是艳羡不置。这几分秋色,在我的飘零梦寐之中,是多么绚丽的、温暖的、可爱的色彩呀!

所引小文中,已说到"秋尽冬初",那就又回到本文前面所说的可爱的四合院之冬,就此打住,也就不必再多说了。

"四合院"只不过是一种建筑形式,它同人事联系起来,才有了情感,才显示了独特的生活情趣,淳厚的文化气氛,敏锐的春夏秋冬四时之感。几百年中,它与北京融为一体,与历史融为一体。没有它,又如何显示北京的生活呢?

京师名第宅琐谈

明末清初之际，松江人王沄，字胜时，著有《瓠园集》。松江府治云间、华亭二县①。王胜时著过一小本《云间第宅志》，收在《艺珠尘》丛书中，其前言中云：

> 闻之长老言，嘉隆以前，城中居民寥寥，自倭变后，士大夫始多城居者。予家世居城南三百余载，少时见东南隅皆水田，崇祯之末，庐舍栉比，殆无隙壤矣。乙酉兵火之余，惟东西大道，官署民居仅有存者，其他皆为瓦砾，老者过而陨涕，少年皆迷失道。已三十余年，余耋年瞀眩，艰于杖履，每一念至，辄为怆然。设今不志，将为沧海，然衰病既久，苦多遗忘，所能记忆者十之三四耳。今自我生之后，迄于乙酉，聊述所见，口授子孙，藏诸敝筐，以示来者。岂敢比明远芜城之赋，东京梦华之录哉？

乙酉是公历一六四五年，是清兵南下的一年。著名的"扬州十日"、"嘉定三屠"，都是这年的事。这年八月，清兵攻破南明军队守卫之松江、金山。王沄是南明遗民，前言所述，都是遗民口气，自有其缅怀前朝、感慨迟暮、凭吊残破的感情。但他却详细记载了当时松江的第宅方位，从历史资料的角度看，也还是十分有意义的。小者供游人寻访吊古，大者供史乘考核参证，都是

---

① 此说有误。松江府所辖地区包括华亭、上海、青浦三县。"云间"为松江府的雅称。——编者注

实在的资料,足补正史之阙遗,比空言说道之高头讲章,和无病呻吟之酸诗腐文强多了。

云间①,不过松江府治之首县耳,尚有一小本《第宅志》流传下来,说到北京呢,几百年的都城,真可以说,每条街、每条胡同,都居住过各个历史时期的著名人物,如果真编一部类似的书,那真可以汗牛充栋,不知要增加几十倍、几百倍了。不过还没有一部系统的、贯串几百年的"北京第宅志"。不过虽然没有系统的,但零星的记载于各种文献史料上的也真不少。如果都收集起来,汇编在一起,也将是洋洋大观的。不过时至今天,做这种工作,似乎有意义,也似乎无意义了。

杜少陵诗云:"王侯宅第皆新主,文武衣冠异昔时。"这还只是一时所见,"宅第"的房子还存在,不过换个主人罢了。而北京的第宅,则是几百年的变化,以及近二三十年的剧骤变化,那就不只是"皆新主"的变化,而是沧海桑田、陵谷更替的大变化,而这变化在近几十年中,早已不只是拆了重盖,而是从内容到形式的质的变化了。因此现在再谈北京旧时第宅,不少都已街巷全无,坊里莫辨,高楼四起,旧迹皆迷了。何况这种趋势,现正方兴未艾,且将一日千里。现在即使有人把"北京第宅志"编了出来,对于未来而言,亦将如现在人读《洛阳伽蓝记》之类的书,徒嗟往昔之繁华,对于旧迹,则根本无法去找,亦无必要去找了。又何用"志"呢?

半世纪前,居住在北京,那时北京的街巷除庚子年破坏改建者外,大体还是清代的面貌,明代的第宅虽然少了,而清代的王侯第宅、名人故居,则比比皆是。跟着家里大人出门,常常在经

---

① 当为华亭之误。——编者注

过之处,听得大人们指指点点地说:这是某某的宅子,这所房子某某人住过……不一而足,每每引起我当时的遐想,又留下日后深刻的印象。旧时北京最大的第宅是王府,手头恰有一本一九二○年的《实用北京指南》,内有详细的府第名称、地点、电话,当时虽然已是辛亥革命之后第九个年头,但宣统还在宫城中,王公、贝子、贝勒谱儿还不小,这本《指南》中十分有趣,把律师、收生婆、兽医、阴阳生、纤手和府第并列在一类,作为"杂录",不管有意无意,似乎总是物以类聚了。但却保留了府邸的资料,却是可喜的。现作为历史资料,把它引用在后面,只写府名和街巷胡同名,至于电话,就不抄了。我相信今天及未来再没有人想给那位王爷打电话。但无电话者注明,以见当时各府之盛衰情况。引录如后:

那亲王府	安定门内宝钞胡同
喀喇沁王府	地安门内太平街
庆王府	定府大街
卓亲王府	什锦花园
阿亲王府	炒豆胡同
那郡王府	东四牌楼马市
克王府	石附马桥东
他王府	安定门头条胡同
怡王府	东单牌楼
怡王府	朝阳门内康熙桥北头(无电话)
庄王府	太平仓,西四牌楼北太平仓(无电话)
棍王府	蒋养房
醇王府	什刹海

宾图王府	交道口二条胡同
豫王府	铁狮子胡同,东单牌楼三条
汉王府	汪家胡同
齐王府	蒋养房棍王府(按,此王府与棍王府似在一所第宅内,均有电话。棍为"西一〇一",齐为"西六五九"。其时北京电话分为东、西、南、北四局,后又加南分局。)
郑亲王府	二龙坑
礼王府	西安门南皇城根
顺王府	锦什坊街(无电话)
恭王府	什刹海(无电话)
孚王府	朝阳门内大街路北(无电话)
睿王府	东单牌楼北石大人胡同(无电话)
塔王府	什刹海(无电话)
蒙古王府	地安门外板厂胡同(无电话)
奈曼亲王府	西四牌楼太安侯胡同
札萨克图府	南锣鼓巷井儿胡同
桂公府	方家园
海公府	宝钞胡同
拉公府	北锣鼓巷
恬公府	东四牌楼九条
志公府	南兵马司
堃公府	王大人胡同
植公府	大佛寺北
溥公府	东四牌楼六条

泽公府	地安门外
鄂公府	炒豆胡同
松公府	地安门内板桥南(无电话)
奎公府	西单牌楼太仆寺街(无电话)
成公府	绒线胡同(无电话)
宁公府	缸瓦市路东(无电话)
阎公府	阜成门内孟端胡同(无电话)
衍圣公府	西单牌楼太仆寺街(无电话)
凯公府	阜成门内王府仓(无电话)
荣公府	阜成门内大街路北(无电话)
赵公府	地安门内后鼓楼院(无电话)
赵公府	东直门内北小街(无电话)
海公府	东四牌楼二条胡同(无电话)
宝公府	地安门外宽街(无电话)
多公府	大佛寺取灯胡同(无电话)
佟公府	灯市口路北(无电话)
崔公府	马市大街迤北(无电话)
阿贝子府	东四牌楼七条
析贝子府	北小街
海贝子府	北池子
阳贝子府	成贤街
达贝子府	铁狮子胡同
德贝子府	新街北路东(无电话)
伦贝子府	东安门外大甜水井(无电话)
洵贝勒府	缴子胡同
朗贝勒府	缸瓦市

唐贝勒府	雨儿胡同
润贝勒府	迺兹府
涛贝勒府	龙眼井
瀛贝勒府	烧酒胡同
那贝勒府	地安门外东皇城根(无电话)
将军府	大佛寺
老公主府	宽街南
公主府	阜成门外喜鹊胡同(无电话)
四爷府	安定门内俄国教堂(无电话)
五爷府	朝阳门内大街迤北(无电话)
符二爷府	南锣鼓巷圆广寺(无电话)
蒙古府	安定门内花园
琦侯府	东四牌楼西弓弦胡同

　　上引资料,除去衍圣公府而外,其他都是满清王公、贝子、贝勒的府了。衍圣公府是曲阜孔子后裔的府第,唐代开元时追谥孔子为"文宣王",封其后人为"文宣公"。到了宋仁宗至和年间,认为祖谥不能封后人,因改封孔子嫡系后裔为"衍圣公",以后明清代代相承,均封"衍圣公",曲阜有衍圣公府,北京也有衍圣公府。就是前面所列的"太仆寺街衍圣公府"。其地址在太仆寺街西口,出来不远就是西单商场后门。早在五十年前,这里已变成大杂院了。黯然无光的三间大门,低于胡同地平,这是北京老房子的特征。因为清代以来,北京路政不修,人们满街倒脏土,胡同地面越填越高,这样院子就变的越来越低洼了,如果经过翻盖,那可以把院子地基在翻盖时相应垫高。房子不翻盖,院子不会相应自然垫高,衍圣公府的大门比胡同低近二尺,正说明

它经历过古老的岁月,可能是明朝的建筑吧。

这本《北京实用指南》列王府表的年代,虽然已是辛亥革命后的第九年,但小皇上还在紫禁城里,因而阔王府还不少,那么许多王府都装有电话,就说明了这一点。而在五十多年前,我还在北京做小学生时,那王公贝子的府邸已经大大变样了。当时我家住在西皇城根,附近有好几处王公府邸,几乎天天和它们见面,纵然当时知识很有限,但是太熟悉了。

离不远,就是礼王府,当时已是华北大学了。这个当时十分可怜的私立大学,现在自然已很少有人知道它了,但当时也是把很大的牌子挂在大门口的。我家出来,去西安门一带,常常经过它三间大门,然后顺着它整齐的东面围墙墙根往北走,或直走到西安门北菜市买菜,或不到西安门,由它斜对着的破烂皇城残缺处,转入惜薪司,斜着走近路,到北海,到图书馆,或到东城去。后来在北大上学,也常走这条路线。这个府邸是最为整齐的。可惜里面我一直没有进去过。著名电影演员孙道临先生的哥哥孙兰生先生,留学比利时,是有名的铁道专家,生前同我是忘年之交,曾告诉我,当时他们家住惜薪司,礼王府卖给华北大学的时候,在新旧业主交接搬家之际,他曾进去参观过,说王府里的东西如何多,等等,但在我在其墙外默默经过的几年中,却从未想到其昔年作为王府的盛况。

二龙坑郑亲王府,那更是有名的府邸。自然我经过和熟悉它时,它已早不是王爷府,而是有名的中国大学了。我中学上学,每天要进西单商场对着的口袋胡同,转三个弯,经过它大门前,然后走完了"坑",再转两个弯,进入小口袋胡同,这里就是我的母校。说来也真可怜,我就在"口袋"和"小口袋"里钻来钻去,钻了六年,读完了中学。就在这钻来钻去每天钻"口袋"的时候,总要经过这座名府邸的五间大门,望见那王正延写的白底黑字的中国大学大扁。后来这里面我进去的次数多了,不但进去玩过,找过人,而且后来还在里面旁听过课,可以说是十分熟悉的了。

郑王府是大王府,其出名更在于它的园林,园名"惠园"。在钱泳《履园丛话》中有记载,说什么"相传是园为国初李笠翁手笔",其记风景云:"园后为栖凤楼,楼前有一池水甚清冽,碧梧垂柳掩映于新花老树之间……嘉庆己未三月,主人尝招法时帆祭酒、王铁夫国博与余同游,楼后有瀑布一条,高丈余,其声琅然,尤妙。"从记载中,可以略见当年园林之胜。可惜我出入于此府时,那花园似乎早已荒废,改为操场了。在篮球场边,有一亭子,我不只一次坐在这里看人打篮球,可能这还是惠园旧物吧。

洵贝勒府,前表记着在缀子胡同,这就在西单商场北面,东口通背阴胡同,西口通大街,正对口袋胡同。我也是经常从它大门口经过。不过我经过时,早已不是贝勒府,而是卖给军阀万福麟,作为他的私宅了。万投资盖西单商场,感到胡同名"缀子",音同"散资",那岂不要做赔本生意;因而改为"槐里胡同","槐里"者,"获利"谐音也,这样就可大赚其钱。这个府很新,大概是本世纪初或上世纪末修的吧。其主人原是清末炙手可热的人物——载洵,光绪的亲弟弟,溥仪的亲叔叔,宣统时,任海军部大臣。是清室灭亡,回光返照时,一群所谓"亲贵派"中的人物。另外前表所列"朗贝勒府 缸瓦市",这就是毓朗的府邸。毓朗也是清末所谓"亲贵派"中的重要人物。据说他的府邸也相当有名,夏枝巢老人在《旧京琐记》中还记载他府中有梅花,因"地属温泉,地脉自暖"的缘故。可惜的是,后来没有了。当年我经常经过缸瓦市,从未看过什么贝勒府,只是几家大木厂子,和义达里的里弄平房。毓贝勒府哪里去了,怎么消失的,直到现在,我也不知道。五十年前,住在皇城根时,也似乎没有人提起过,好像有人说是火烧了……但也确确实实说不清楚。

前面表中,所列王爷贝子的府邸太多了,详细介绍可成专书,这里不多说了。只把昔时经常经过的、习见的,一鳞半爪地提到几点,聊以证明我有些感性东西,并非专门考证旧事。就个人说,则只是稍抒思旧之情而已。但这与我写的总的题目"四合院"又有什么关系呢?自然有关系。简单说,任何大王府、贝勒府、贝子府、公主府,等等,实际都是一个四合院的组合体,这就不只是里院、外院,前院、后院,东院、西院,正院、跨院,等等。而是前面以"殿"或"堂"为中心,为中轴,一下子就是若干层院子,左右再展开,那就更多了。著名的"恭王府",据说作为和珅住宅时,正中一路,就有十三进之多,如照王府大院气势,平均以四十米一进计算,那中间一路的深度,已超过一华里之外了。如再加左右两翼,试想黑鸦鸦一大片,该有多少个大大小小的四合院呢?

这些王公府邸,到现在除极少数还保存一点旧规模外,大部分都已消失,或正在消失中。自然这都是必然的历史规律,也不必多说了。因为说到京华的王侯第宅,那真是数不胜数,说不胜说的。前引王府、贝勒、贝子府资料,不过是沧海之一粟耳。如果从明清以来,各种档案文献、野史笔记中去收集,那就更多,在此我不想再征引了。下面只说一两处我十分熟悉,而又较为趣味的近世名人邸宅吧。

翁同龢宅

常熟翁同龢氏,这是近代的名人,咸丰进士,户部尚书、协办大学士,入军机。光绪师傅。戊戌政变,跟着光绪一齐倒霉,罢官回到常熟,一直到死。但以在野之身,名气却大得不得了。他北京有所大宅子,在东单二条胡同。曾孟朴《孽海花》中曾写到过这所房子。说是他在花园中养着仙鹤,一次丢失了,他亲笔写了"访鹤"的告白,贴在街上寻找。但刚刚贴上,就被别人当作墨宝揭去了,因为翁同龢是以写字出名的,而一般人求一幅翁相国的字该有多么难呢?所以揭张"访鹤告白"也是好的。第一张贴了,被人揭走,翁便又写了一张,又被揭了,又写了第三张,又被揭了……最后鹤找回来没有,且不去管它,但却留下一副名联。其时正是甲午战败之际,因吴大澂曾三次请缨带兵打仗,但打了败仗,有人制联云:

翁常熟三次访鹤;吴大澂一味吹牛。

这同另一副指李鸿章、翁同龢籍贯、官职制的讽刺联,"丞相合肥天下瘦;司农常熟世间荒"一样,均一时脍炙人口。

这所房子在东单二条东口路北,约四十年前翁的后人把房子卖给公家。产权移交时,房子还基本上保持原来的样子,临胡同是一个小花园,长约三十米,深约十四五米,有小假山,有一座半亭,但是花木都已荒芜了。花园中部连着一个没有南房的四合院,这样使这个不大的花园与住房浑然连在一起,从北房廊下可以望见园中花木假山,想象尚书公在时,这花木扶疏的院落,情调一定是很好的。只是在我想象时,已是几度沧桑之后,一所残破的房子了。在正院左右两侧,都有房子,但都是房子进深较大,而院子很小的小四合。东西各有两三个。但不是纵向深入进去,而是横向排列着,从北京府邸的格局看,这位贵为光绪师傅的住宅,并不是十分考究的,实在没有北京深宅大院的气派。

花园南墙临胡同,而且很低,我当时想,怨不得他养的仙鹤要丢失呢,一展翅膀,就飞过长安街了,上哪里去找呢?翁相国的这个小花园,也早在三四十年前被拆掉,盖了一座红砖三层楼房,要想找翁常熟当年"访鹤"的所在,现在已不可能了。

那桐宅

那桐,字琴轩,是本世纪初的名人。一九一一年,清政府废军机处、旧内阁,颁新内阁官制,奕劻为总理大臣,那桐、徐世昌为协理大臣,等于是给清朝送终的"副总管"。他自庚子开始发迹,到清朝灭亡,做了十多年有实权的大官,在金鱼胡同经营下好一大片住宅,人称"那家花园"。有关那家花园的掌故太多了,辛亥时期,这里几乎等于"国宾馆",举行重要会议,接待名人无其数,如广泛征引文献,足可以写一"那家花园小志",但我不拟多谈这些。只想谈谈它四合院的建筑形式。

过去人们由东安市场金鱼胡同门出来,顺胡同往东走,走到近二分之一的地方,路北有个派出所,正对南北长街校尉营,一直走可到协和医院、东单三条。这条南北街与金鱼胡同成"丁"字形。过了这个派出所,继续往东走,路北便是一派长墙,并不很高,但都是磨砖对缝,十分精美,而且很新。一直到达东口,通米市大街。这一大片蓝汪汪逶迤二百来米长的房屋,就是那家花园。但如仔细观察,却又有一个不解之处,就是既然是一所大府邸,并没有五间或三间的大门,而是隔不远一个街门,隔不远一个街门,有三四个大同小异的街门,使人感到,又像是几家人家的大四合。

这个问题是后来我才明白的;就是这一大排院子,是那桐逐步在庚子之后,飞黄腾达的过程中扩大的。原来只有一处,不久买下邻居的,不久又买下邻居的……这样就占大半条胡同了。金鱼胡同后面是西堂子胡同,前后胡同相隔很近,因而那家花园只有东西阔度,而没有南北深度。是横排不少个大四合,而非一进又一进的深宅大院。

这所邸宅的特点是房屋新,而且宏大,东头的正院有带出厦卷棚的大北屋,都是地板、大花镀金玻璃吊灯,极为富丽堂皇。站在这个铺着花地毯的大厅中央,可以想象当年接待西南军阀陆荣廷时,谭叫天在这里唱堂会戏的盛况。只是我昔时发此思古之幽情时,这大厅的镀金花灯架,已斑驳脱落,黯然无光了。那家花园随着历史的流逝、凋零了。直到今天,这所显赫一时的邸府,已全部拆除,盖起新的摩天宾馆大楼,那家花园彻底消失了。

鲁迅先生八道湾故居

旧时王公邸宅、名人故居,时代变迁,自然要发生种种变化,而给人的感觉却不相同。一是最好的,作为纪念意义的故居,修缮起来,按照当年的布置摆出来,供人参观。但这必须具备两个条件:一看这个人的平生事迹和声望,有无纪念价值;二看其故居是否还存在。阜成门宫门口鲁迅故居就是这样保存的。二是次好的,房子依然存在,但已改作别用,或者换了主人。如虎坊桥纪晓岚阅微草堂的房子,现在是晋阳饭庄,历史上也几换主人,但门户依稀,古藤、海棠犹在,仍可供后人凭吊。三是不好的,如那家花园,全部拆光,盖了大楼。旧迹全无,不可辨认了。但这倒也干脆,沧海桑田、陵谷尚且变迁,何况王侯邸宅、名人住宅呢。拆除干净,并没有什么可惜的。四是最不好的,就是东倒西歪、破烂不堪、脏水横流、垃圾成堆、使人对之无限感慨的。鲁迅先生苦心经营的八道湾住宅,现在就是这种凄惨处境了。

据《鲁迅日记》,一九一九年八月十九日,在广和居收契,买下八道湾罗姓房屋,房价三千五百银元,中保一百七十五银元。又花了五百多元修理。一九一九年十一月二十一日迁入八道湾新宅,十二月二十九日由绍兴接鲁老太太来京,住八道湾。直到一九二三年八月二日"携妇迁居砖塔胡同六十一号"为止,在此共居住两年十个月。其后八道湾就一直由周作人氏居住。著名的苦雨斋就在这里,在二三十年代鼎盛时,真可以说是中外名家川流不息,享誉海内外了。三年前俞平伯夫子曾录示《京师坊巷诗——八道湾》云:

转角龙头井,朱门半里长(旧庆王府)。
南枝霜后减,西庙佛前荒。
曲巷经过熟,微言引兴狂。
流尘缁客袂,几日未登堂。

当年平伯夫子是苦雨斋座上的常客。小诗写由东城老君堂坐洋车去八道湾所经路线。龙头井、定阜大街是必经之路。"曲巷经过熟"、"几日未登堂",可见其来往之频繁了。

110

八道湾在新街口南道西,顾名思义可见其弯曲程度,称作"曲巷",那是一点也不错的。八道湾有两个西口通现今的赵登禹路,但都是十分狭窄,转几个弯才能走出去。而东面通新街口的出口,却较宽。因不能直接通出去,而是南口通公用库,再由公用库通新街口。鲁迅先生买的这所房子,就在公用库东口进去不远,路北一转弯,进八道湾,再一转就到了。

　　这所房子格局是北城一带大宅门的格局,临街是一溜院墙和大木栅栏车门,进去有一片空地可停车,斜着西北向是街门,有门洞的大红门。进了街门是一个宽敞的大四合院。五间大北屋,东面有耳房,西面没有,是通向后院的过道。前院东西厢房各三间,也都很宽大。沿大门还有一溜高大的南房。由北房左侧,通向后院,在大北房后,是一溜高台阶北屋,西面三间,东面三间,西面三间内部一半改作日本式障子和榻榻米,一直从鲁迅先生和鲁老太太、朱夫人住在前院大北房时,就是知堂翁及其日本夫人的住室。在西北角,还有一个偏院,地势略高,三南三北,自成格局。因此八道湾的房子,从院落上说,不算大门以外的空地,单说大门以里,就有正院、后院、西跨院三处。如算房屋自然间,大约有三十来间,平均以每间十四五平方米计,建筑面积有四五百平方米。

　　一九八二年七月日本《飓风》杂志第十四号刊有中岛长文教授《颓废的家》一文,对八道湾周氏故居作了详细的报导,所写的是一九八〇年的情况。一九八八年二月间,我因要邀请周丰一先生开会,不知道他已搬家,仍到八道湾去拜访他。一位年轻司机不认识路,不知道由公用库开进去,却绕到赵登禹路,发现了八道湾的西口,十分狭窄,车进不去。我便下来,自己走进去。哎呀——好艰难的路,弯弯曲曲的路全让流满的脏水覆盖了,又结成冰，冰上又露着白菜叶子、煤球灰、鸡蛋壳……数不清的杂物。我小心翼翼地踏着这令人恶心脏水冰，弯弯曲曲走过去，好不容易找到了这个地方，临街露着砖头的残破的院墙，看上去比旧时城根或天桥一带，最残破的大杂院的院墙还破烂，又是在腊月天，树木凋零，寒云压屋，暮鸦哀啼……眼前的一切，真给人一种说不出的无常之感。想想七十年前鲁迅先生带领木匠经营修缮时的情况，宴请郁达夫、张凤举、沈士远、沈尹默、沈兼士、马幼渔、朱遏先、钱玄同、徐耀辰等著名学者时的情况，真不觉令人酸鼻。连想到神州文化的过去与未来，也难免黯然神伤，有杞人之忧了。

院墙如此，门口已不可辨认，里面又乱又脏，东一间小破房、西一间小破房，都是人家盖的防震棚、小厨房，其惨状也就不必多说了。问院中居民，无一家知周丰一先生新住址者，未免感到无限怅怅。

不过有一样好处，即里面没有人管，一任我转来转去。五六十年代间，暑假回京，曾多次来此看望过知堂老人，后院北屋，我是走熟了的。但转到后面，也完全不认识了。在后院一大排北屋窗下，盖了许多简陋的小房，塞满了院子，旧日的纸窗敞院，静谧帘栊、学人吟啸的气氛没有了。探询一下，新住户有的据说是房管所的人，是基层掌握市民居住命脉的实权人物。至于怎么住进来的，那就不知道了。大概是十年浩劫的"胜利果实"吧。

我转到后面，又转到前面，经过前院大北屋——也就是当年鲁老太太、朱夫人的住屋——的西山墙时，我仔细观察了——这房子的建筑。从这磨砖对缝的精美大山墙看，感到虽然七八十年了，却一点也不老。感到这房子的质量真不差，似乎只有这面山墙还保持了旧日的风光，或者记得一些往事吧。从思古之幽情看,断井颓垣、残砖破瓦,有时倒胜过会说话的活人了,何况还保留着一面精美挺立的山墙呢!

　　我因谈四合院,拉杂地写了一些北京旧时的邸宅。但时间太久,旧事太多,说不胜说。就此结束,聊备一格,略存旧闻而已。

旧京房产交易

人人必须有间房住，"有巢氏教民架木为巢"，这是中国历史书上记载的，这种传说、这种记载十分可贵。它不是神话的、宗教化的，它没有说房子是上帝赐予的，而是人的智慧、劳动创造学习的。这点古老、朴实的思想，应该很好地继承。自然，等到房子发展到四合院时代，其进步则已远远超过"架木为巢"的时代了。不用每个人自己"架木"，而只要找营造厂，找木匠、泥瓦匠买材料来盖了。

盖四合院在《四合院施工》中已经大体说过了，这里不必再多说。实际上当年北京多少万所四合院，最初盖房的自然有人，而其房主则大多不是最初盖房的人，大多都是辗转买来的。北京四合院的年龄，直到今天，还有明代建造的房屋，至于清初的，那就更多了。因而旧时北京人家的四合院，人多都是买来卖去，卖去买来，不断地买卖易主，不断地修缮，不断地居住。如果是名人的住宅，那一二百年之后，虽然数易其主，还完好如初，供人凭吊是十分有意义的。如虎坊桥纪晓岚故居阅微草堂的房子，做过富连成科班，做过名人住宅，近年又在里面开了饭庄子，但房子仍旧是乾隆时期，甚至乾隆之前盖的。据说纪晓岚当年也是买别人的，并非他自己盖的。从建筑历史上说，这房子最少有二百五十年以上了。

新砖修建的四合院，木架再好些，如黄松木架，那是十分经年代的。五六十年的房屋，如果一直住人，年年勾抹保养，有时看上去还像新的。南长街路东有一所王冷斋的房子，那是三十年代盖的。王冷斋是三四十年代极有名的人物。七七事变时，他是宛平县县长，卢沟桥炮声，使他闻名世界，抗战胜利后，东京国际法庭审问日本战犯，他出庭作证。

南长街这所房子是他做县长时盖的吧，十分精美。路东的大红门，沿大门临街一溜西房，六间，大门开在偏南三间的中间，进大门一个外院，大门南北各有一间西房，是门房和佣人住的房子。外院左转一个月亮门。进去是西院，三间大北屋，三东、三西，洋灰砖铺院子，北屋左侧有小耳房作卫生间，是新式四合院。

外院大门斜对东北，又一月亮门，进去是东院，东院一溜南房，正对垂花门。进入东院里院，也是三东、三西再加北房的四合院，外表看是典型的格局。但内部却不同，一溜东房由外院南房耳房的位置，一直连到北房耳房的位置，院中看，外院朝西东房两间，里院东房三间，而在室内却是打通一长溜，朝东都有西式落地立窗，有七个大窗户。得天独厚，窗外就是中山公园后面的金水河，坐在这个窗前，可以饱览禁城角楼、午门城楼、中山公园后面柏林、金水河沿岸柳色。晚间在窗前可以望凤城月色，听金水河游人打桨声……这一溜东房内部装修也讲究，全部地板，真可以说别有洞天。站在中山公园后河沿，可以看到这一溜房屋的外观，西式大窗，红白相间的外墙，倒影水中，完全像精美的西式建筑，谁也不知道它是四合院。这房子现在还很完美。

王冷斋的房产，在抗战胜利之后，卖给了晋系军队的一个将领。解放后，这房产又卖给了公家。时间是一九四九年末，价钱是折合二千六百匹"绿阳光"市布的钱。为什么这样换算呢？这等我后面再说。

旧时北京居民住四合院，除去极少数的公房，如会馆之类的外,其他绝大多数都是私房,包括个人的产业,庙宇的产业,甚至皇家的产业,即清代内务府的房子、王府的房子。每个住四合院的人家,其房产只有极少数是自己经手盖的,而其中大多数都是买的或租的。鲁迅先生自民国元年到北京,直到十五年离开北京,一共住了四个地方:只有宣外南半截胡同绍兴会馆是公房,其他八道湾、宫门口西三条二处,都是买的。按北京的老习惯说法,是"自己置的产业"。砖塔胡同的房子是租的。这因为当年鲁迅先生的经济条件比较好,自己置得起产业。而对一般市民来说,最早住自己的房子的人家多,住独门独院多;越到后来越穷,人口也越多,那就租房住的人越来越多了。

先说说买房,再说说租房。

旧时想要买所四合院,也不是容易的事。先要找中人介绍,到处去看房。看中意了再讲价钱,然后订立契约、过款,再到官厅办转让产权的手续,缴纳税款,领官厅发的新房契。这些手续办齐全之后,这所房子才能算你的产业,受到法律的保护,将来你还可以卖给别人。

土地和房屋,在旧社会都归为不动产,买卖都是很麻烦的,不像买其他东西,贱到一盒火柴,贵到一部汽车、一根金条、一枚钻戒,那样方便。买房人要买到中意的房产,必须先要找中人去看多处出售的房子,以便选择。鲁迅先生当年买八道湾房子时,由二月份便开始各处看房,最早由齐寿山介绍看报子街、铁匠胡同等处的房,由张协和介绍看广宁伯街的房,由林鲁生介绍看过四五处未记胡同名的房,还同齐寿山看过辟才胡同的地皮,又由徐吉轩介绍看过蒋宅口、护国寺的房,直到七月十日才看了八道湾的房,总算中意了。但前后花了近半年的时间。而且鲁迅先生在北京当时不但有较高的社会地位,而且各方面极熟,朋友也多,所以找中间介绍人也容易。

北京旧时长期没有专营房产买卖的商号,谁家要买房或者卖房,都要先找熟朋友或职业房牙子、也叫"纤手"从中介绍。旧时房地产买卖时,必须有中间人介绍,才能签字画约,到官厅办手续。没有中间人,是不合法的。纵然双方是要好朋友,你买我卖,但到签字画约时,还要再请一位朋友做中间介绍人。在契约上签字,这才生效。买卖双方均付给中间人一笔费用,作为酬劳,谓之"中佣",或曰"佣钱"。照例卖家付2%,买家付3%,俗名"成三破二"。如房价三千元,这佣钱便是一百五十元。如买方、卖方家中都有仆人,也要分一份佣钱,叫做"门里一份、门外一份"。房产买卖关于中间人综上述一般分三种情况:

一、朋友介绍,做中间人使买卖成功;

二、职业纤手介绍,使双方买卖成功;

三、买卖双方本是朋友,直接谈判成功,另约熟朋友做中人在契约上签字。

关于第三种情况,关系到一件十分著名的文坛掌故。著名诗人徐志摩氏飞机失事时,原任北大教授,又兼中央大学、上海大学教授,当时教授收入虽很丰盛,但夫人陆小曼女士住上海开支太大,仍然要拉亏空。平时徐氏住北京胡适家中。上海朋友想在经济上帮助他。著名人士蒋百里氏有一幢洋房以十万元代价卖给朋友,便邀徐来做个现成介绍人,让他由燕京来沪,在律师公证时,在契约上签个字,便赠送他几千元佣金,以弥补上海的亏空。徐如约来沪,办完此事,又急于要赶回北京,搭邮政小飞机便出了事了……几十年过去了,迄今犹使人感到惋惜。

说来在四合院房产买卖中,还是职业纤手介绍成功的比较普遍。一九二〇年商务印书馆编的《实用北京指南》"纤手"条记云：

> 纤手，即南方之捐客也。买卖房地物件或租赁及借贷银钱等事，均可托之。事成，各出资酬之。通例为成三破二。如价值百元，买者酬百分之三，卖者酬百分之二。大率日聚会于旧式茶馆，以互相商询而奔走之。故人皆呼之曰跑纤。

三十年代出版的民社《北平指南》，对纤手介绍得更详细。文云：

> 介绍买卖、典质房地、租赁房屋之人，谓之纤手。此项人素无正业，每日出入饭馆，内外城各大小茶馆，均有此项人足迹。专为访问何人欲买房，何处有房出售，稍知门径，即自行寻去，担任撮合者，俗称"拉房纤"，实亦中人之意，终日代人奔走，辛勤倍至，故又名"跑纤"。更有房屋久闲之家，伊等竟劝导出售，遇有办喜丧大事之家，竟敢劝其卖房，冀希一旦成功，以博些许中费，故有"十纤九空，拉着就不轻"之谚。盖平市纤手通例，置产者出中费百分之三，让产者出中费百分之二，俗云"成三破二"。均以产业之卖价为标准，若卖价万元，中费可得五百元。为数愈巨，中费愈多，若双方均有仆人，亦当许给纤费一份。更有此纤手正在撮合之中，另一纤手从旁加入，此谓之"钻纤"。亦有由甲纤手久说无成，再找乙纤手加入，成功后中费由两人或三人同享者，视纤手之多寡而定，有一交易而纤多至八九人者。买卖双方，明知拉纤人从中使钱，然而又非用之不可。盖因买卖

两家,各不相识,无中人说项,似不能对面讲说。且此项纤手,于买房人实有利益,如某处房不净,某处房有纠葛,非此等人莫知其详。且房产交易后,纤手可代换转移凭单、立案、投税、领契等事。较买房人自己办理,尤妥。亦常办熟习之故也。租赁房屋,与买卖不同,俗有两份、三份之说。两份者,即所租之房,初迁入时,一起交租金两份,又名一茶一房,意即一份为租房,一份为茶钱,作为打扫费之意。如欲迁移时,可停付房租一月,谓之住茶钱。其中费由租房人酌给纤手,数约房租之半。其三份者,除一茶一房外,余归中费,惟纤手撮合买卖、租赁各事,于双方成立契约时,须负中人之责,签名画押。

上引两则资料,可见旧时北京四合院买卖时纤手之重要性,包括其作用及其承担之责任,买卖双方都必须依靠他们。其中买方尤其重要。用现在的话说,就是纤手掌握着各处房产最新的、最详细、可靠的信息。关系重要可以为买主提供的大约以下几种情况。

一是房屋的质量,木架如何,建筑年代,砖瓦活计好不好,地点好不好,等等。这些虽然看房时买主可以看得见,但买主不一定是建筑内行,好坏分不清。买主也许是外地人,不一定熟悉街面情况,不知道地段的好坏,等等,这些全要纤手给买主当好参谋,提供可靠信息。

二是房屋产权有没有纠纷。如长辈还活着,不肖子弟偷出契纸卖祖产;兄弟几人合有的产业,一人偷着出卖;不肖儿子偷卖老母亲养老的房产;出卖已经抵押出去,或已抵了债务的产业;偷卖公产,如偷着卖会馆的房子,庙宇的房子,等等,旧时常有为产权争夺而打官司的,情况十分复杂。买房子的人如不慎买上这种产权有纠纷的房子,那是十分麻烦的。而可靠的纤手能向买主说明产权情况,避免各种纠纷。

三是房舍有特殊情况,纤手较为了解。过去人迷信——自然现在人也不见得不迷信——对于房屋常有迷信的传说。如北京旧时有四大凶宅的传说,这几处房子出租没有人敢住,出售没有人敢买。我上初中一年级时,我那个中学的宿舍,就是四大凶宅中的一所。先作宿舍,后作女校校舍,天天书声、歌声、笑声……充塞了空间,再也不闹鬼了。但我们小孩子听老校工说起故事来,什么半夜就听"咯噔"一声,窗户全打开了,不自觉地还感到十分可怕。买四合院住家,谁敢买这样的凶宅呢?不要说出名的凶宅,就是出过人命案件的房子,有人上吊、跳井自杀过的房子,一般也没有人买。自然卖方可以托纤手,许他些好处,让他隐瞒一些,是可以的。但纤手遇到精明买方,不敢这样做,因为这样等于骗人,买方日后发现,是要找后账,打官司的。

四是为买卖双方讲价钱,买方想少出钱,便宜些,卖方想多得钱,不要贱卖,这是买卖双方的自然心理。纤手能说会道,这边压一压,那边提一提,左说右说,便能把买卖说成功,对诚意买卖的双方都有利。

五是对产权文件,也就是契纸,以及契纸过户手续,官厅如何上税,如何领新契,都十分熟悉,可以带领、协助买卖双方办各种复杂手续。旧时一所四合院,房产拥有者,必须持有几种文书。一"官契",即当初你盖房或买房时,在官厅中缴纳税款后,发给你的"官契"、官厅印好的格式,上写原业主姓名、新业主姓名、房屋所在地、面积、间数、四至(即东西南北四面都是什么。如南临街,西邻张姓房屋,北邻李姓房屋,东临某胡同等)等。并写明房屋来源,是新建,还是买于何人,价钱多少。"官契"是指官厅发的契纸。清代官契没有新式"蓝图",清末、民国北京实行房捐,所有老房子不管出售与否,都重新税契,即向官厅交一笔钱,领一张新契纸,都附有平面蓝图。所以二三十年代之后,北京四合院交易中,验看契纸,首先看有没有蓝图,如没有蓝图,便是官契不全,买方买下,也不能再办新契。这是十分重要的。官契之外,二是"草契",当初买产业时,第一次由买方、卖方、中人三方面签字画押的买卖契约,虽没有官厅盖印,但这是买卖成交的契约,在法律上生效。三是"老契",即卖方以前的房主的契约,如清代咸丰时张姓盖的房屋,应有张姓的契纸;光绪时卖与李姓,又有李姓的契纸,民国初年卖与王姓,三十年代卖与赵姓,房产几易其主,这些契纸都随房产交易一再转移,作为原始凭证,可以证明房产来源,这些契纸,都叫老契。这些文书,在卖房、买房时,哪些重要,哪些次要,纤手都一清二楚,可以当好买卖双方的参谋,不致使手续上不完备。

买房人由朋友或纤手介绍,各处去看要卖的房屋,看中之后,由作为中间人的向双方商讨价钱,价钱谈妥,便约会地点,写草约成交。一般都是由买方做东,约会在一个饭馆中举行。鲁迅先生买八道湾房屋、西三条房时,日记都记载了签草约时的情况。八道湾买成是一九一九年八月十九日,记云:

> 买罗氏屋成,晚在广和居收契,并先付见泉一千七百五十元,又中保泉一百七十五元。

西三条买成是一九二三年十二月二日,记云:

午在西长安街龙海轩成立买房契约，当付泉五百，收取旧契并新契讫。同用饭，坐中为伊立布、连海、吴月川、李慎斋、杨仲和及我共六人，饭毕又同吴月川至内右四区第二分驻所验新契。

这都是买房成交之后，第一次签约，卖方把房契交给买方，买方把部分房价交给卖方，俗话叫做"过几成款"。一般最少五成，最多不超过八成。下余的价款，要等收房时再付。因拿到房契，只拿到了房屋的产权，还未拿到空房子，拿到居住权。如果房子里仍有人居住着，买房人拿不到空房，还不能算真正买到了房子。鲁迅先生买八道湾房子，于签草约之后月余，十月五日记云："午后往徐吉轩寓，招之同往八道湾，收房九间，交泉四百。"十一月四日又记云："下午同徐吉轩往八道湾会罗姓并中人等，交与泉一千三百五十，收房屋讫。"这就是由签草约之后，延迟了两三个月，才能房屋全部拿到，才把价款全部付清。在这期间中，原房主或原住房客，可以从容找房搬家，或另买小院，或租别人房，均可以有足够时间了。

新业主买好房子，要领新契，要上税，按房价比例数缴纳。鲁迅先生买了西三条房子后，关于这些手续，有两处记载。一九二四年一月十日记云：

午后往市政公所取得买房凭单并图，合粘一枚，付用费一元。

同月十二日记云：

午后同李慎斋往本司胡同税务处纳屋税，作七百五十元论。付税泉四十五元。

同年二月二十二日记云：

往本司胡同税务处取官契纸。

这就是买到新房子后，领取房屋凭证、蓝图，再以此为据到税务局完税，届时再去领取你的"官契纸"，到此才算完成了买房任务。手续完备，这房子才算你的产业，才受到法律保护。

鲁迅先生买八道湾的房价三千五百银元，买宫门口西三条的房价是八百银元。按当时的房价说，价钱都不算贵。因为从地点说，这两处都比较偏僻。当年北京房价，最贵的是前门左右两侧街巷胡同，因为大都可以作商业用房。如施家胡同、巾帽胡同，一样的四合院，可以开钱庄、开票号、开货局子，做成千上万的生意。次一等的是东单、东四一带大胡同，再次一等的是西单、西四、宣武门外，这些都是住宅区，大宅门多集中在这些地带的大胡同中。八道湾靠近新街口，西三条靠近白塔寺，虽然还不是贴北城根、西城根等处，但究竟偏一些。同样的房子，如果换到中心地带大胡同中，那房价至少要加三四成。如八道湾的房子换到东四南北的大胡同中，当时可以卖到五六千元。二十年代前，金价便宜，以六十换计，这所房子值一百两黄金，可以说公道价钱。

北京是几百年的国都，是人文荟萃的地方，寸土寸金，从清代中叶之后，房价就不断上涨，小小的一所四合院，是相当值钱的。手头有一则材料，可以略知一二。清张集馨《道咸宦海见闻录》咸丰九年记云：

> 家人陈贵，于咸丰元年，因生计艰难，恳借老漕纹一千两，通年三厘行息。据大林说，利银未欠。余以久假不归，令其清洁。陈贵昧心丧良，苦磨再至，仅交银三百两，下短七百两，以伊自置大吉巷住屋一所作抵，余亲往看视，照时作价，不过值二三百金，无可如何，只得完结。

借银千两，三厘年息，每年利钱三十两，元年至九年，年年付息，已付八年，计二百四十两，再交还三百两，已经五百四十两，当时物价稳定，白银是硬通货，无损失。所以千两下欠者表面为七百两，实质只四百六十两。以大吉巷房产抵债。债主故意贬低还债人房产的实际价值，实际上也足可抵消债务了。大吉巷房子多少间，未写明。但可推想。大吉巷在宣南骡马市果子巷里面，东西小胡同，是当时京官主要住宅区之一，但没有大房子，都是小四合，房子也浅，所以这所房子最大也不过是个小五间口的四合院，甚或是三间口小四合。但其价值并不低，足可值四五百两银子，按当时金价折合，约在十两至二十两之间。

到了鲁迅先生在京买房时，这个价格又已上涨许多了。因辛亥之后，北洋政府时，北京一度出现过假繁荣，参、众两议院几百名议员，每月都有五六百、上千现大洋的收入，一个月工资几乎都能买一所小房。像鲁迅先生这样做教育部佥事的，每月也都二百八十元大洋，到一九一九年已增到月俸三百，而东西极便宜，在西餐馆包伙，每餐不过二角，每月不过数元。因而攒上几个月工资，就可以买一所小四合，攒上两三年，就可以买所大四合了。况且当时各省军阀，大大小小都想在北京买所住宅，这些人从全国各地掠夺老百姓的钱不计其数,不要说特大号、次大号的军阀,即使是那些师长、团长一类的偻傯们,一出手拿个万儿八千都不在乎,都想刮足地皮来北京做寓公,因而人未到京,都先想在北京买所房子,雇个人看着,随时来随时可以住。因此在整个北洋政府时期,北京四合院买卖交易一直很兴旺,房价一直不低。

一九二八年政府南迁之后,北京因在朝权贵南迁,市面一时出现萧条局面,但接着山西军阀入主北京,东北军阀入主北京,这些集团的大小头目又都在北京置产业,安家落户;后来九一八事变,东北一些有经济实力的,也逃进关来,有的到天津,大部分到北京买所四合院定居。贪图北京生活安定、居住舒适、文化发达、物价便宜、容易生活,也利于教育下一代。因而在一九二八年至一九三七年这十年中,北京比较整齐、有一定格局的四合院,一般只要地点不大偏僻,没有什么产权问题,五南五北、三东三西的院子,总可以值三至四千元左右,也就是四十两黄金的价值。

七七事变,卢沟桥一声炮响,不少人逃离北京,北京一时空出不少房屋,但不久汉奸政权成立,日本人大量涌入,房屋价格很快又涨起来。

抗战胜利,重庆来的复员人员,"五子登科",以美钞、金条大量抢购房屋,北京四合院直到解放前夕,价钱一直不低。不妨举两个例子。一九四八年夏代人买虎坊桥一所小院,三南三北、三东三西的小四合院,不过比较整齐,有一套卫生设备,讨价四十两黄金,当时以银元折算,折合二千银元。东四十二条一所大四合,房屋略旧,木料还好,格局五间口,十分标准,以六十五两黄金成交,合三千二百五十银元,其价格较之鲁迅先生买八道湾房子时，最少高出百分之五十。

由鲁迅先生买房时期，直到一九三七年七七事变，虽然房价略有高低，但货币未贬值，所以买卖房屋，均以通行货币议价，几百几千几万，由议价到付款，无大差异。买卖双方付款方便，均不吃亏。

七七事变后，北京沦陷，开始市面经济波动不大，不久即通货膨胀，物价上涨，买卖房屋，不是立时成交，议价时与过款时相差一月，所议价格便要贬值许多，卖方便要大吃亏了。因而后来均以黄金计算价格。这样一直到抗战胜利，到全国解放，都以黄金计价，过款时即使不付黄金，也均以当日黄金牌价折合。

解放之后，一九四九年公家买房作各单位宿舍，因物价还不稳定，不能以货币计值，也不能以黄金论值。这样便以最普通的布匹来论值，最普通的"绿阳光牌"市布，讲究多少匹布。一般一个普通四合院，地点好一些，可卖四五百匹阳光市布。以三十年代布价折合，也相当于三四千银元了。记得前面介绍过的王冷斋南长街的那所房子，是以一千六百五十匹阳光布成交的。因其是一级地区，又是很新的建筑，而且十分精美，东面河房风景绝佳……种种条件，所以价钱比较高，按银元折合，是万元以上了。

回忆旧时北京四合院的交易，大体杂述如上，供未来研究北京社会史的专家们参考吧。

"吉房招租"

　　著名北京风俗画家王羽仪老先生一九八七年寄给我几张小画，有一幅画着一个小四合院的街门，马头墙上贴着一个红纸条儿，上写"吉房招租"，一个留分头，戴眼镜，内着西装裤、黄皮鞋，外罩白夏布（白色，我想是夏布，原因是没有人像茶房一样，穿着白士林布大褂满街跑。而白纺绸、白罗又很软，与画中线条不合）大褂，正背背着手入神地看这个招租贴儿。我看到这张画，真觉着传神入化，有拍案叫绝之感。——但理解这张画，赞赏这张画，也还必须有一个先决条件，就是要熟悉三十年代北京——当时叫北平——的社会生活。

　　王羽仪老先生能画出这样使人叫绝的"神品"，是有其极为深厚的生活基础的。三十年代他老先生就是北京著名的画家，一九三五年马芷庠编著、张恨水审定的《北平旅行指南》所载"现代诗画家"中，按姓氏排列，第一位就是王羽仪老先生。原文道：

　　　　王羽仪，字雨簃，浙江人。工花卉，秀逸直追华新罗、李复堂。亦长山水，善笔拓。寓东城八大人胡同。

　　鲁迅与郑振铎二先生当年编的著名的《北平笺谱》，最后一幅《大红五彩公鸡》，就是羽仪老先生的作品。而先生又多才多艺，以名画家远游美国，攻读铁道工程，学成归国，服务铁路，成为铁路工程专家。多年一直是铁路科学院的高级专家。前数年以耄耋之年,又钟情艺事,回忆前尘,作燕京风俗画百幅,由端木蕻良先生配诗,在香港三联书店出中英文对照《旧京风俗百图》,英文译名 *Old Beijing in Genre Paintings*,以及其中配诗译文,均由羽仪先生自译。同时在日本东京东方书店出版日译本《燕京风俗》,由著名汉学家内田道夫教授译诗,由著名北京风土研究专家臼井武夫老先生解说。这本画册不但引起国外艺术界的注意,而更重要的是引起学术界的注意,引起思念北京的中外人士的无限惆怅,这是只会罗列一些老北京的现象的,把电车、骡拉轿车、大辫子、分头等罗列在一起,类似拉洋片的画面一样"北京风俗画卷"之类的作品,无法比拟的。其高下、文野、雅俗、真伪等有着无法缩短的差距。但不熟悉半世纪前北京生活的人,又不从理论上作详细、认真分析研究的人,纵然艺术鉴赏力很高,也难能一下子理解到这点,是十分可惜的。

闲话少说,还是回过头来说这张"吉房招租"的画。不是评价这张画,而是说一说"吉房招租"的社会情况,也就是说说租赁四合院居住的情况。

这张"吉房招租"的画,神妙地表现了三十年代北京——应叫"北平"——街头的气氛。自一九二八年政府南迁之后,到一九三七年这段时期中,北京还有一个"文化古城"的雅号,就是政治中心南移了,而文化中心还在北京。不过北京市面究竟萧条了不少,当时有句口头语,叫"不景气"。在不景气的影响下,四合院的买卖价格,虽然我在前一篇文章中说过,由于种种原因,尚未大落,基本上能维持。但空房毕竟多了。空房除极少数的让它空着而外,大多都要找房客来租,可以赚点房钱。而且房子这东西很奇怪:一所房子,虽然很破旧了,只要有人住着,看上去有些歪斜,却仍然可以一年一年地支持下去;但要不住人,一空下来,很快就倒塌了。有的不十分旧的房子,一空下来,两年三年无人住,也会一下子东倒西歪下来。因而有的房主,即使不为房钱,也不愿房屋老空着,希望有人来居住。

要招房客,自然可以找纤手介绍,但是租房不比买房,房租没有多少钱,是按月付租,因而中间佣金很少。所以拉房纤的也管介绍租房,但毕竟不多,大多介绍买卖去了。而出租的房屋在当时又是大量的,这样便自己写个"吉房招租"的红贴子,上面写明房屋地点、间数、价钱,以及要求,如新婚夫妇、人口简单、小孩多不租、专租住家、不得作营业使用等条件,要租者到何处面议等说明。有的还写明"外国人免问"、"关外人免问",等等。这都是三十年代特殊历史条件造成的,时至今日,也不必详加解说了。

"吉房招租"的帖儿,可以贴在空房门口,这里大门不少都反锁着,要租的人可以到所写地点找人商量,要租可以找人带来看房。自然这都是整个院子出租,不管是大四合、小四合都不会分租的。自然也有部分房屋出租的,如五间南房、三间西房,或五间北房,等等。这种情况,房东可能住在院中,也可能不住在本院,各种情况都有,难以一笔概括。"吉房招租"的帖儿,也可以贴在街头巷尾墙上,或闹市区的广告牌上。当时小报上,如《实报》、《立言报》等也登招租广告,各广告社,如著名的"杨本贤广告社"也代登吉房招租的广告。但最能代表当时气氛的,是这张自己写的红纸"吉房招租"的帖儿。给当年几十万租房住的人,留下极为深刻的温暖的印象,会使天涯的白头老人念念不忘,时时在梦境中出现——因为这张红纸帖儿,它能很方便地给你一个温馨的家!

这些出租的房屋,第一类是专靠出租房屋收房租营利的,俗话叫"吃瓦片的"。《旧都文物略》记云:"都人买房取租以为食者曰'吃瓦片'。""吃瓦片"又有不同情况。清代内务府拥有不少房产,专门有人经营出租。清代各王府、贝勒、贝子等,除去自住府邸外,大多还有不少房产,民国以来,仍都是他们的房产,出租取利。北京各大商号富户,如同仁堂乐家、瑞蚨祥孟家、外馆(专门做蒙古生意的)沈家、米祝家,等等,也都拥有不少房产,各大庙也拥有不少房产,这些都是主要"吃瓦片"的,也可以说是"吃瓦片"的大户。次一等的是中等商户东家发点财,买几所小四合;或外地小官僚,宦囊所入,不管正薪也好,贪污也好,弄个一万八千、三万、两万,来北京买几所四合院。"吃瓦片",靠收房租过日子,比放债或存银行吃利钱更可靠。当年工资高,物价便宜,钱值钱,二三十年代中,不要说像鲁迅先生,以及其他大学教授等人每月二三百现大洋的工资生活优裕,可以攒钱买房。即使是一个科员、一个中学教员,也一般拿百数来块钱工资,一等科员月薪可到一百五十,高中主科教员可到两百,这些人一般生活都能攒钱买所小四合住住,如果省吃俭用;攒些钱可以买几所小房出租。"吃瓦片"这样的业主,我认识的就有好几位,有的还是小学教员。由于极左思潮的干扰,对过去社会多少年来常常做些过头的、不科学的宣传,使人不能客观正确地认识历史,造成许多错觉和无知,实际这是有百害而无一利的。因为历史的客观永远是存在的,对它错误的认识,无损于历史却有害于现在和未来。现在谁能相信半个多世纪之前,北京小学教员可以靠工薪收入,攒钱买两处小四合、小三合院呢? 自然,这只是七七事变以前的事。"渔阳鼙鼓动地来,惊破《霓裳羽衣曲》。"七七事变之后,这种日子一去不复返了。票子一天天发毛,说相声的有名言:"过去两块钱买一袋洋面;现在还买一袋,不过是牙粉口袋。"为此被抓进日本宪兵队,挨了一顿打。抗战胜利,重庆的大员飞来飞去,小学教员还是越来越穷,"买邮票,吃咸盐,坐电车,请教员",变成最典型的"四大贱物"之一了。没有哪个再做攒钱买小四合院的梦了。

另外一种出租房屋的是:原来住大房子,有钱,有派头,或是有势又有钱。后来没有那么大势力,没有那么多钱,不能摆那么大派头了。说句文话,叫做"式微"了。但是不是精穷,不到卖身底下住房的份儿;或是几房合住一所非常大的房子,不能单独卖;也许找不到买百间以上大房子的买主。这些房主便把多余的房子租给房客增加些收入。

满街"吉房招租"帖儿的时代,正是三十年代前期,北京当时租房真是方便,东西南北城,几乎想在哪条胡同租房,都能租到。有的人经常搬家,东城搬西城,西城搬北城……经常搬来搬去,一年里能搬两三趟,像住旅店那样方便。

房屋租金,在三十年代前期,比鲁迅先生民国初年,甚至比清代某些房屋都便宜些。《林则徐日记》嘉庆二十一年(一八一六)五月初六日记云:

> 是晚偕钰夫、莱山于爪葛墩相宅,为十六考差小寓,房九间,租银七两。是夜即在彼处借宿,主人王姓。

"考差"是在圆明园正大光明殿考试,名次在前可以分配差事,是翰林院庶吉士的一条出路。圆明园在城外,住在城里无法参加考试,必须在园子外面租个临时住处,住上几天,考完再回城里。房屋自是老式房屋,说"九间",并非九个房间,而是四合院木架结构的间数，一条檩算一间，三间东西房不加隔断，看上去是一筒间，却叫"三间"。这样"九间房"住几天，却要七两白银的租金，七两白银在当时足可抵三钱黄金的代价，租金同现在的高级宾馆也差不多了。

《鲁迅日记》记一九一九年七月二十六日事云：

> 为二弟及眷属租定间壁王氏房四大间，付泉卅三元。

未写明具体每月房租多少，如以北京租房规矩，第一个月先付两个月房租，一个月租金，一个月押租，搬家退租时，可以白住一个月，叫"住押租"，或叫"住茶钱"，如房客拖欠房租，预先交一月押租，似乎像保证金一样。另外房东家中如有佣人，要给佣人一点茶钱。这"卅三"元，租四大间，分析下来，可能是四元一间，每月十六元房租，预付两个月，三十二元，再给佣人一元，便是三十三之数。

第一次世界大战时，北京金价下跌，到过"十八换"，即十八两白银兑换一两黄金，但时间很短。三十年代中叶，一般都百元上下买一两黄金。一九一九年金价在五十元左右，每月十六元租四间房，月租仍约等于三钱黄金。以现在货币换算，是相当可观的。

《日记》同月二十一日记云："大学送来二弟之六月上半月奉泉百廿元。"同日记云："收本月奉泉三百。"即一九一九年；鲁迅月薪折合六两黄金，周作人月薪折合四两黄金。研究近代史、现代史、新文学史、社会史、经济史的专家们，也要注意到这样的历史事实，作出科学的解释，不要只说空话。

一九三六年我家租赁西皇城根清末邮传部尚书陈玉苍（名

璧,福建闽县人)后人的房屋居住,这是高大半西式的四合院大北屋,每间足有二十平方米,共四间,外加两间灰棚、一间厨房、一间下房,还有一间小灰棚作厕所。每月租金二十元,外加门房间二元,共二十二元。据三十年代故宫博物院标卖黄金器皿资料记载,其时金价每两为一百零几元。以一百元计,则每月房租折合二钱黄金。较之鲁迅先生租南半截胡同王姓房屋时,那就便宜不少了。况且地址也好得多,如把这一因素加在内,那就更便宜了。

住自己房子也好,租人家房子住也好,大抵一有变故、经济衰落,自然要缩小局面,节约开支。原来一家住,后来就要容出些间,租给房客;原来租独院住,租大房住,局面一变,便要换成小房。

我家租赁的尚书公的房子,在尚书公在世时,或是在尚书公鼎盛时,那时即使有空闲房屋,也只能留作客房,或给亲戚门客住,不会招来房客的。在尚书去世之后,他家分作几房,各房经济不一样,有的想多收入几个,便招来房客了。开始房客还不多,房客住的也很宽敞,主要是大家经济力量都还好,而七七事变之后,那就更每况愈下了,房客越来越多,大家住的也都越来越小了。我家原来住前院四大间北房,论面积等于一般八间,而且全套家具,后来住不起了,搬到后院东西房中,只有原来一半大,而且只剩下一间厨房了。

同学家中,除去做汉奸的或家中财产十分殷实的外,工薪阶层,原来很优裕的,也都不行了,虽然职务未改变,工资也未减低,但通货膨胀,物价上涨,票子发毛,不能开源,只好紧缩了。一个小同学(现在自然老了)的父亲在电话西局做工程师,工资一般都是二三百元,家中原租口袋胡同一所大四合,虽不精美,但也很整齐,五南五北、三东三西,因是路面的门,门前很宽。所以这所房子较特别,南为正,南房高大,作为主房。一溜北房,与大门成为一排,在外院,作为客房,窗下还有丁香、玫瑰,一进大门,左手一转,就是这一溜幽雅的房,作为客房。他外公是著名中医陆观虎,在天津行医,苏州人。老先生常在北京,写字台上放着他全身照片,白绸大褂,老先生须髯飘洒,给我留下极深的印象,边上还题了一首小诗:"古人不可见,良朋又不来。独立晚风里,清凉亦快哉。"这样的居住环境,这样的人物,这样的气氛,现在说来,真是羲皇以上,渺不可追了。后来把外院北屋分租给别人,后来又把里院房子分租给别人,后来房东卖房,他家搬家……几经转折之后,工程师没有降,而且还升为总的,房子却越来越小。胜利之后,租人家四间很浅的南房一家住。解放之后,租人家三间东屋一家住。待老先生五十年代中去世时,只住两间小东房,一间小灰棚东房了……

"吉房招租"的黄粱梦在七七事变之后是彻底地破碎了,但它还深深印在白头人的记忆中,所以羽仪先生能画出这样传神的图画,一九八七年在上海和著名历史地理专家谭季龙(其骧)教授谈京华往事,他还念念不忘他在燕京时成府大蒋家胡同的寓所,说起来不由地怡然神往了。

三十年代北京租房的价格,一般十五六元就可租一个三南三北的小院,房子整齐,地点适中。三十元便可租一所整整齐齐的大四合。有经济力很不差的,也不买房,喜欢租独门独院大四合住。来去方便,如离开北京,收拾东西就走,不必考虑房产如何处置。搬家方便,不愿住东城,可搬到西城,另找房。如是自己产业,买卖房均较麻烦。当时物价稳定,利率较高,很大的银行,如中国、交通、农民之类的大行,定期利率可到九厘或一分,银号可到一分二。如钱存在大商号中，也可到一分二三。以存款利息租房，比提取存款买房居住还合算，因此很阔气的人也常常租房住。

如果以间计算房租，一般四合院的东西南房，地点适中，大约二至三元就可租一间，分租很难租到北房，一般北房都是房东自住，如果租到，大约三至四元一间。特殊高大、特殊环境的可能是五元一间，如在城根偏僻地方，一块多钱也可以租到一间房，那一般都是大杂院了。一块钱，按现在物价指数实际折合起来，也相当可观。因为当时一元钱差不多可以买七八斤猪肉，或一百枚鸡蛋，或一丈五尺多市布呢。七七事变之后，直到解放前夕，票子一天天发毛，房租也就难以用钱数来计算了。当时市面普遍出现了以面粉计算房租的办法。一般标准价钱是"半袋面一间房"，即每间房每月房租以半袋面粉折价。这个办法也持续了好多年。这个时期内，房东、房客的日子都不好过。房客穷，交不起房钱；房东穷，收不起房钱，没法过日子。至于年年修理房屋，更是有心无力，一筹莫展。不少房东，只好看着整齐的四合院一年年地衰老下去，"吉房招租"的梦越来越远了。

四合院的现状和未来

　　四合院有它的历史,有它的过去,给人留下古老的思念。但是它的现在呢,未来呢,都是问题。

　　眷眷于往昔,惋惜于眼前,惆怅于未来,北京四合院的时代毕竟是过去了,似乎也是古老的中国文化的衰落的一个部分,也是任何人都无法挽回的,这是必然的趋势。代之而兴的是种种其他……

　　眼前的四合院的破烂情况,在前面各篇文章中,已经举过一些例子。实际这种例子是举不胜举、说不胜说的。

　　南半截胡同的广和居,是十九世纪到二十世纪初极为著名的老店,由何绍基、李越缦到鲁迅先生都三天两头光顾,十分称赞的食肆。它不只是一个饭馆子,简直是一个同光以来,直至宣统、民国初年的"旧文化俱乐部"。一九八〇年我特地去看了这处旧址,路东磨砖的小街门,虽然破敝,但因其昔时十分精致,所以犹存过去典型。可以想象七八十年前,甚至稍后,门前停满车辆的风光。走进院中一看,门户依稀,住着几家人家。窗棂寂静,还是一个很标准的南城小四合。这所小院是路东的门,西房连门洞只有三间,门洞占半间。院内南房、北房如同厢房,十分入浅,院子是长条的。顶头是东房,也不深。厨房在西头北头邻街一间,房顶有高大的出蒸汽的天窗,可以看出是过去作饭馆子的标志。由这高大的天窗,让人想起昔时的名厨,似乎还可嗅到"潘鱼"、"砂锅豆腐"等等名菜的香味,但这只能供谈掌故的人的遐想,小院的居民虽然每天望着这天窗,恐怕也很难想到当年锅勺叮当乱响的热闹情况了。南、北、东三面的房屋,从窗户和门来看,三间北房、三间南房……都各有三个房门、六块窗格,显见当年都是隔成三小间的。这就是当年的客座,其狭窄的程度,摆现在的大圆桌是摆不下的,旧时宴客只坐六人席、八人席,摆的只是八仙桌、高桌……而这样狭窄的小屋,据传当年同治皇上都来过,真是不可思议啊!……不过一九八〇年时,还保存着古老小四合的样子。到一九八一年再去时,这古老的小四合,也像得了传染病一样,每家窗根下面,又盖了一间红砖小屋,原来狭窄的院子,已没有了,只剩下弯弯曲曲的小夹道了。在这种夹道中生存着的大人、小孩,说也可怜,恐怕心胸再不会宽敞,也像这些夹道那样狭窄了。

现在北京所有的四合院,除去极少数特殊人士住的院落外,几乎所有的院子,不管大的、小的、较为整齐的,或十分残破的,都在院中盖满了各种样式的小屋,没有一处有院子了。四合院的院落,基本上不存在了。在南小街一所十分精美的高台阶大四合院中去看朋友,这所房子不知当年谁盖的,路北的门,磨砖对缝,垂花门,大院子,想当年盛时,初盖起来,以及相当长的时间内,都是十分气派的。虽非三进五进连在一起,但只这一进,也足可以显示大四合院的气势了。现在那位朋友住着大北屋,走廊、纱窗,屋中且有地板,冬天且有暖气,按说也是很好的。但是院子呢,原来十字引路留下那四块种海棠、丁香等花木的地方,分别盖了四间各不相靠的平顶红砖小房,每间分别有一丈见方,是整齐的正方形。如果从空中鸟瞰,这个院子,正好是平铺着一面颜色相反的红十字会会旗。中间"十字"是白灰色砖墁的,四间小房是红砖的,这是近年北京四合院新创造的穷对付吧,有什么法子呢? 想想实在可笑。

以上这就是北京四合院的现在。造成这种现象的原因,我想是多方面的。大体说来,不外下面几点:

一是人口膨胀,人口密度太大,原来住一家的四合院,后来住两家、三家,慢慢增至四家、五家,后来增至十几家。而每家的人口也不断增加。六十年代夫妇二人带两个孩子的家庭,现在孩子成人,又建立家庭,这就无法容纳了。

二是四合院本身的欠缺,是以院为单位,不是以房间为单位。每家人家最起码的配套,没有烧饭的地方,这些年人们学会了盖小房,盖间厨房,盖间儿子结婚的小房。东一间、西一间,各式各样,因陋就简,穷凑和。在整整齐齐的大院子里,小院子里,见缝插针,像上海棚户区当年的"滚地龙"一样,一滚就是一间。杂乱、不协调,使古老的四合院连衰老的面貌也无法使人辨认,院子消失了,只剩莫名其妙的大杂院了。

三是人们的经济能力、实际的经济能力无法和当年独家住四合院的年月相比,土地面也无法容纳按实际数字增加几倍、几十倍的四合院了。纵然有钱,也没有那么些地皮、古建筑工人、大批的木料,等等。何况还没有那么多钱呢。国家拿不出,地方拿不出,个人更拿不出。照三十年代物价,租五间南屋,也得十大元,合一钱黄金,或一千枚鸡蛋,或八十多斤猪肉……折合的现金,这样的月租金又岂是今天一般人能付得起的? 因而今天也只是破旧的不成为四合院的"四合院",老房客对付着住着,拆一幢少一幢,自然不会再盖新的了。

今年一二月间,在北京出差,经常外出,看见有些胡同的比较精美的四台院,钉上了北京市文物保护单位的牌子,作为文物保护起来,从保护精美古建筑的角度,这也还是没有办法的唯一办法了。据说将来还考虑划定一个范围,保留若干条胡同,保留一片四合院,这是未来最大最好的保留四合院的方案了。

但任何保留四合院的办法,一般恐怕也只能保存住四合院的"形",不能保存住四合院的"神"了。就是过去北京人住四合院的那种幽闲的情调、宁静的气氛、舒展的起居、宽敞的院落、从容的四时、大大小小的胡同……站在北海白塔山上或景山亭子里,向下一望,"云里帝城双凤阙,雨中丛树万人家"。这样栉比鳞次的屋瓦,这种气派、古老的皇都的形势是必然要消失了。从个人的感觉上,从整体的形势上,都将为新的所代替了。

住在那不是四合院的"四合院"中老房客,即使老一代的还有点眷恋之情,新一代的也巴不得早点分一套单元楼房去住了。

老实讲:北京四合院的未来,恐怕只是"文物",没有未来了!

四合院与文学艺术

  人是有思想、有感情的动物,在向自然界索取物质、以维持生存的同时,也存在着一定程度的精神因素。衣服是为了防寒保暖,但在极炎热的时候,也还是要遮住下身。我国古代历史传说"柳叶遮羞",是极有意思的。"羞",应该说就是精神的成分了。因此,就某种意义来说,文明本身,既包括了物质因素,也包括了精神因素,把物质文明、精神文明分开来谈,在一定程度上,似乎是不够妥当的。

  四合院是物质,但有其精神的影响。有其东方文化的,也可以说是中国文化的特有的情趣和气氛,给人以特有的影响,表现在文学艺术上,也自有其特殊的地方。三十年代上海滩有亭子间文学家。亭子间是石库门房子楼梯后面的小屋,有其特殊的情调、环境和气氛,影响到作家作品的气质。北京四合院,大四合、小四合,也各有其特殊情调、环境和气氛,也自然影响到文学艺术家的作品和气质。

  北京的四合院,给人的感觉不同于西式建筑物在中心的院落,也不同于日本式的小小庭院,即使在国内,它也不同于江南的天井、上海式的石库门房子……读孙宝瑄《忘山庐日记》记云:

    居京师时,往往庭院中多古槐,绿荫四合,疏帘半垂,与二三高侣,读书弹棋其中,仙境也。到南方来,楼高院隘,如坐深坑，此乐转不复有。

又记云：

坐慕兄马车，赴颐和园。自西四牌楼，出西直门，至万
寿山路，约十八九里之遥，皆坦平如砥……余于上海，独爱
其道路，居则必京师之屋，以其爽垲异于它处也。始谓二者
不可兼得，今则果兼之矣，岂不快哉？

又记云：

与出衡偕至南半截胡同看屋，即徐寿蘅尚书故宅，扉宇
整净，有古槐一株高数十丈，绿阴蔽日。余生平爱树有奇
癖，故凡遇房屋虽极巍大轮奂，而无树者，必不取。

又记云：

诣羊肉胡同，都中房屋虽极潮，旧者一糊裱装饰，则俨
然新屋矣。此次所赁屋约在五六十椽，庭院宽敞，林树甚
多，春夏间布叶垂阴，必有可观。

孙宝瑄是杭州人，他父亲孙诒经，是光绪时户部左侍郎；其
兄孙宝琦，清末做过驻法、驻德公使，顺天府府尹。民国后曾任
北洋政府内阁总理。孙宝瑄少年时随父在北京，后到杭州、上海
居住，后又回到北京。其日记记到北京房屋之处颇多，选抄四
则，可见他的爱好、观点，因为他是与南方房屋作过比较的，所以

更能显出北京四合院的情趣和优点。

北京四合院的特征,较之西式花园洋房,它是封闭式的,因之它的意境在于"闭",隔断了与外界的联系,内中别有天地,便于自我欣赏。较之江南房屋,它又是爽垲的,因之它的环境在于"爽",它不像苏杭大房子的天井,四面是齐的,且没有间隙。它三正两耳,高低错落有致,正房、厢房分开,使人感到透气。站到院中,可以从房角望到院外,望到隔院,凡此种种,都使人感到"爽"。这"闭"中有"爽",给人精神上以特殊的感觉,有思致和情趣的人,就可以欣赏到它的美,产生了艺术的欲念,创作出各种有特定意境的文学艺术作品。

中国旧诗词中,常常在房屋庭院的环境中,表现诗境。因之以下词语,如"深院"、"小院"、"重门"、"闭门"、"回廊"、"轩窗"、"纸窗"、"帘栊"、"隔帘"、"隔院"、"墙阴"、"粉墙"、"阶除"、"栏干"、"檐头"、"鸳瓦"、"铁马"、"巷陌"、"深巷"、"陋巷"……以及与这些关联的春夏秋冬、阴晴雨雪、午韵斜阳、树影苔痕、啼鸦鸣蛩,等等,无一不可构成境界,与人的思想感情联系起来,用文学艺术的形式表现出来。北京四合院在表现这种境界上,具备了各种有利的条件。其气氛没有亲身的感受,是无法想象、无法表现,也无法感受的。曹禺名著《北京人》,当台词说到"鸽子飞起来了没有?"照例后台有"鸽子葫芦"的效果回荡空中,似乎在天晴日朗的四合院上空,鸽子已经起盘了。作者写作时,是有深厚的生活,熟悉四合院的情趣和气氛,才能写出这样味道极醇的艺术作品。要住在西式花园洋房,或十八层的高楼套房中,是无法感受这种意境,表现或体会这种意境的。

《红楼梦》中的房屋环境,全是四合院的格局,如果写一篇文章:"《红楼梦》与四合院",我相信可以写得洋洋大观,内容极为

丰富。不过我在此不想详加征引论述,只作个文抄公,略引几则,以见一斑吧。第三回写贾母院中道:

> 黛玉扶着婆子的手进了垂花门:两边是抄手游廊,正中是穿堂,当地放着一个紫檀架子大理石屏风。转过屏风,小小三间厅房,厅后便是正房大院。正面五间上房,皆是雕梁画栋,两边穿山游廊厢房,挂着各色鹦鹉、画眉等雀笼……一语未完,只听后院中有笑语声……只见一群媳妇丫环拥着一个丽人,从后房进来……

写完正院、正房、厢房之后,接着后院、后房,便把大四合院重重院落、府邸的格局气派,同笔下的人物极为活泼地连成一个有机体了。

再看同回写贾赦院落:

> ……出了西角门往东,过荣府正门,入一黑油漆大门内,至仪门前,方下了车。邢夫人挽着黛玉的手进入院中,黛玉度其处必是荣府中之花园隔断过来的。进入三层仪门,果见正房、厢房、游廊悉皆小巧别致,不似那边的轩峻壮丽,且院中随处之树木山石皆好,及进入正室……邢夫人让黛玉坐了,一面令人到外书房中请贾赦……

写好内院,又点到外书房,接院落风光和整个府邸、里里外外连接在一起了。

《红楼梦》中在后面各回书中,写到房屋的地方很多,都可以明显地体现出四合院的艺术境界,在此不一一多举了。以上二则也约略可见北京四合院与文学艺术的关系了。如从诗词中找,可能有更多材料。但篇幅有限,在此不再赘述。住在残存的四合院中的人,或仍可稍有体会;等到大家都住到高楼中,这种种气氛、艺术境界,纵然能说,恐怕也只是隔靴搔痒了。